U0151531

星级料理
轻松做

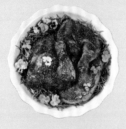

李耀堂　林晏廷　著

中国轻工业出版社

天天开心做好饭

还记得小时候，每每到了菠萝盛产的季节，吃的时候都要先把菠萝放入盐水中浸泡片刻，或者蘸着盐来吃，否则一旦吃多了，舌头两侧都会发涩、不舒服。但是现在，人们餐桌上出现的菠萝变得香甜、爽脆、多汁，这多亏了农政机构推行的技术和农民的用心。

以前，人们能吃到的叶菜类只有几种，想要吃到更多品种的叶菜还要跑到销售进口食材的卖场才能买到，如今农民再次改进他们的种植技术，从国外引进了许多新的品种，不但降低了进口叶菜的价格，更重要的是丰富了消费者的餐桌。

如今，小黑师傅当起了"现代神农氏"，自己遍尝百菜不说，还帮我们设计各种酱料和食谱，告诉我们如何用最好的方法来品尝这些蔬菜。当然，一本好的食谱书，如果只能用在某些特定的地方，肯定不会被读者接受，因此小黑师傅又将这些研发出来的酱料应用在其他各种食材的制作上，搭配着鸡肉、猪肉、牛肉、蔬果，烹煮成为一道道美味的佳肴。平常在学校的时候，他就是学生们的好老师，把很多料理的技艺传授给学生，假日的时候到了妈妈培训课堂、百货公司，又变身为料理达人，再次将这些技艺传授给许多妈妈和喜爱料理的同好，每当他站在灶台前，就是他最神气的时刻。

这次小黑师傅不藏私，把这些技艺通通化作文字，集结成书，让大家都能拥有和分享，希望所有读者每天进厨房的时候都能"天天开心做好饭"。

美食节目主持人 焦志方

日日幸福一点都不难

一听到老朋友晏廷要出一本常备菜的书籍，我觉得真的是太好了，因为他所分享的菜品制作方法太实用了。

在一个网购盛行的时代，从蔬菜种植者处直接购买蔬菜已非常普遍，只是每次都要成箱购买，虽然可以和同事、朋友一起团购但每次开箱和同事、朋友一同分享时，总有一或两样食材譬如香草、食用花、少见的欧美品种蔬菜等，因为不知如何烹调，总是不被选用。

现在有了这本常备菜食谱，许多问题都被解决。以往市面的书籍谈到特殊品种的食材时，烹饪方法都较复杂，而这本常备菜的食谱适合普通家庭使用，做法相对简单、容易。对此我不禁要赞美晏廷，能站在特殊品种食材的推广角度，使特殊食材被普通家庭接受就是颇具意义的第一步。

通了电话后，晏廷告知还要感谢另一位作者李耀堂先生，昵称为"小黑师傅"的他，拥有丰富的教学和比赛经验，擅长在短时间内用各式食材创出美味，于是晏廷以农场经营者的身份，提供各种农产品，小黑师傅则将食材化为美味。

日日幸福一点都不难。

饮食文化工作者 孙仲

20分钟整桌自信好菜

作者序

　　本书从基本的自制调味料、酱料、高汤开始，从零开始介绍烹饪步骤，搭配健康满分的材料，在家里就可以做出营养满分的佳肴。

　　为了做好一顿饭，而必须在厨房中忙上好几个小时，很多人因此想放弃做饭的念头；这本书不但可以缩短烹饪时间，又可以运用到常备的概念，让你短短几分钟内就可以上菜，而且可以从一个很简单的料理延伸出很多让你意想不到的创意，比如深受喜爱的滴鸡精（用鸡骨架提炼高汤），制作土鸡油葱酥、抹酱、肉臊等，不浪费食材，而且可以常备，无论冷冻或冷藏随时想吃都可以。

　　出版此书，首先要感谢"生菜女王"林晏廷的邀约，使用晏廷欧亚农场提供的生菜、香草，无论是早餐的生菜沙拉、午餐开胃菜、晚餐的健康淀粉好味料理，甚至是现在流行的露营野餐，将常备好的菜肴带出去，加热后即可食用，完全可以不用进行厨房繁杂的准备工作，保证你20分钟上满整桌好菜。上班族也可以带上用这种方式做好的便当，再利用锅、微波炉、电热锅等进行加热，在品尝美味的便当时又多了一份营养。

"家"就是五星级餐厅

种植欧洲蔬果、香草、食用花卉也有17个年头了，所接触的消费者大部分是饭店餐厅的主厨们，他们创作的菜色总是让人惊艳，而这些菜常常被认为只有在高档的饭店餐厅才能吃得到，也被误认为只有专业的厨师，才能处理这些食材。

在从事种植欧洲蔬果的这些年，乡下人家总会互相赠予自家所种植的蔬果。一般的家庭主妇从我这购买食材时，经常会问我"这菜怎么吃？怎么做？好吃吗？"我总是尽量多地给顾客介绍，听者依样画葫芦地做，也是不得要领！有些顾客直接回绝我：这些食材不好吃。

为了让顾客充分了解这些食材，我邀请小黑师傅为我们诠释料理食谱，让妈妈们在顾及家人的健康、营养时，菜色的变化搭配上有更多的选择。

这些好食材，运用小黑师傅的巧思加以处理，就能变得非常家常，每次做好很多份放入冰箱，随时都有快速可完成的料理，天天可享用星级食材，在家自用或宴客，餐餐都是高级美味的料理，还能把家变成五星级餐厅。

种菜不难，难在如何在多变的气候条件、病虫害很频繁的状况下，植物也能够很好地生长，让消费者吃的每一口菜都安心。

当然，吃菜也要懂菜，认识植物的特性、种植产区、食材间的搭配等，会使我们吃得有学问、安全与营养健康。

酱料 Ｓａｕｃｅ 042

高汤 Ｓｔｏｃｋ 054

腌渍菜 Ｐｉｃｋｌｅｄ　Ｖｅｇｅｔａｂｌｅｓ 067

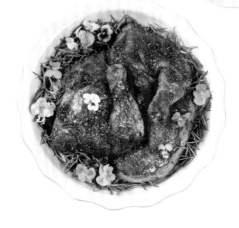

烹饪笔记

实用器具和常备锅具

以下为本书中所使用到的厨房里烹调常备用具，可长期、重复使用，若家中已有部分器具，可作为再添购的选择参考。烹饪前备妥它们，可达到事半功倍的效果。

→ 手持搅拌棒 / 料理棒

又称为均质机。采用钝刀设计的刀头配合离心高转速，搭配各式刀头可将食物迅速打成泥、也可用于打发蛋白或奶泡，搭配研磨盒可以研磨香料粉、盐粉、糖粉或将食材磨成酱；搭配超级调理盒又可以变身为食物的调理机，可切丝或切片，是处理食材的好帮手，可让烹饪时间大幅缩减。

❶圆形打发刀头：刀头为全平面圆形，略带斜度，可制造液态漩涡后将空气带入液体中，可以将蛋白迅速打发。

❷十字多功能刀头：属于万用刀头；可打冰沙、拌面团或是搅碎、拌匀食材。

❸多孔酱料刀头：圆形刀头上带有气孔，在高速搅拌时，可将液态的油或水经由气孔，迅速乳化达到黏稠状。

❹S形绞肉 / 高纤刀头：可用来打碎高纤维或是带筋的肉、海鲜等食材。

← 超级调理盒：S形刀头可以迅速将食物拌匀、打碎；换上可切丝、片的刀头，可以将洋葱、姜、萝卜等迅速切丝或切片。

→ 研磨盒：可以将食材或坚果、香料打成粉或研磨成酱；若是搭配带有磨粉功能的盒盖，可以将较小的胡椒或芝麻研磨成粉。

→ 易拉转

备菜过程中会有很多要切碎的辛香料，不管是粗粒、细粒状，只要将辛香料放入容器中以45°角往返拉扣，食材便可以依照个人喜爱的粗细程度被处理，且不沾手，蒜味也不会残留在手上，蒜碎、洋葱碎等均可使用易拉转来处理；或是调制沙拉酱汁、莎莎酱等，清洗时只要加入适当的清洁液刷洗即可。

→ 炙烧烤盘洁能板

可以省下燃气费的秘密武器！因为洁能板带有续煮功能，可持续完成烹调；在常温下，将想解冻的冷冻食材放置于洁能板上，也会迅速解冻。当汤锅溢出时又能挡住溢出的水分，不会导致燃气灶熄灭，无法放在燃气灶上加热的锅具也能安全放置加热。洁能板反面是有凹槽的烤肉板，只需以小火预热至表面出现凝水珠后，就形成物理性不粘层，用来炭烤海鲜、蔬菜及吐司等皆宜，清洗时只要用清洁剂刷洗干净即可。

↑ 骨刀

剁带骨的肉类或鱼类或将食材切块时，若选择较薄的片刀，会使刀片破损，所以挑选适当的刀具很重要；骨刀可剁含有骨头且较硬质肉类或食材。但使用骨刀时通常会用很大的力气，所以必须注意安全。

↗ 油水分离壶

提炼完的高汤或是鸡精可以利用油水分离壶，壶的出水口位置偏低，利用油会浮在水上的原理，将提炼完的鸡精或含油的高汤，倒入油水分离壶静置5分钟，即可使油水分离，再倒出萃取好的鸡精或高汤即可。

↑ 片刀

用于切菜、切不带骨及硬质的食材。用右手下刀以切拉方式切割，搭配左手"C"字形拱起将食材固定，初学者在使用片刀时会切到手，均是左手未注意到移位或拱起而导致。

↗ 刨刀器

常备时可以将大量要刨片的食材，利用刨片器刨成紫甘蓝丝、洋葱丝、姜片等。

↑ 小刀

在处理食材前，如处理西蓝花，可先用小刀挑除及切割；去除肉类的骨头，均可使用小刀，再用片刀分割食材。原则上准备两把小刀，一把用来切水果，一把用来切割带有腥味的荤食，分类清楚，食材就不会交叉污染。

↗ 刨丝器

可以刨出等宽的丝，让食材可以快速被刨成一样大小的丝；刀具采用双向设计，食材可以来回移动。

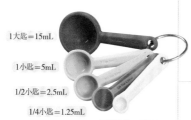

→ 刮刀
面糊类或锅中残留的酱汁，可以利用刮刀将残留的酱汁刮干净；硅胶材质制作所以可以用来刮不粘锅，烹饪过程中也可使用，耐高温至220℃。

1大匙=15mL
1小匙=5mL
1/2小匙=2.5mL
1/4小匙=1.25mL
1/8小匙=0.625mL

↑ 量匙
烹调或腌渍调味中，可利用量匙让味道更加均匀。
如图1大匙=15mL
1小匙 =5mL
1/2小匙=2.5mL
1/4小匙=1.25mL
1/8小匙=0.625mL

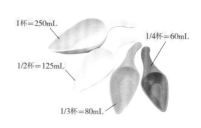

1杯=250mL
1/2杯=125mL
1/4杯=60mL
1/3杯=80mL

↑ 量杯
容量为250mL的量杯，也可以当作粉末状（如面粉）的量杯使用，可以利用附带的平匙，将粉末刮平让用量更准确。如图1杯=250mL、1/2杯=125mL、1/3杯=80mL、1/4杯=60mL。

↑ 油刷
其原料材质是硅胶，可以耐高温至220℃。锅中放少量的油脂，利用油刷刷开，让烹煮过程中油量用得更少。刷头不会掉毛；不锈钢柄也不会发霉。

↓ 电子磅秤
可称量食材的重量，比传统磅秤精准；称重时必须放置于水平桌面，扣除容器的重量将磅秤归零，才能测量到准确重量。

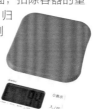

↑ 拌匙
除了在拌炒时可以让匙尖贴近锅面顺利翻炒以外，还可以将菜品顺利铲起；起锅时也方便将略带酱汁的成品盛盘。

↑ 食物剪刀
剪刀在厨房中是必备的器具之一，不但可剪去食材多余、枯黄的部分；还可以用于开米酒罐头，压缩嵌入式的罐头，剪蟹钳等，功能齐全。

↓ 快易夹
快易夹可以在烹调时夹食材、进行食材翻面、拌炒、将薯泥捣碎、捞面条、搅拌蛋液等，材质为不锈钢，所以也可以放入洗碗机清洗或高温灭菌。

↙ 油醋喷雾罐
可以将浸泡的蒜味橄榄油、复方香草醋等倒入瓶子中，调整所需比例，将油醋喷于沙拉或是其他料理上。

← 不锈钢搅拌盆

制作馅料时可以左手握住把手，根据不锈钢搅拌盆内标示的刻度数依照配方加入食材；可以运用大、中、小互套隔水加热法将黄油或巧克力化开。

→ 计时器

可以在烹调过程中计时；使用时仅需先上发条，旋转至50分钟所示刻度，再回转至所需的时间即可。

↑ 炸煮锅

选择直径为20cm的不锈钢小锅，可以将要油炸时的油量变为极少，也可拿来当作水煮氽烫锅或油炸锅，因为是不锈钢材质，所以不需担心在高温油炸时，因高温加热使锅产生对人体有害物质。

← 蔬菜脱水机

清洗完的生菜，可利用蔬菜脱水机甩掉残留在叶片上多余的水分，以免在加入沙拉酱或油醋汁后，因多余的水分而导致生菜味道变淡。

→ 压力锅

用来炖煮肉类或带筋、不爱熟的食材，可以节省烹调时间，将食物原始风味锁住，不会造成营养流失，只要依照食物调整烹煮时间，简单而且省时，当烹饪不易熟的食材时，只需将全部食材放入锅中，待压力阀下降即可，是厨房必备锅具之一。

→ 休闲锅

内锅为不锈钢材质，外锅具有保温效果，内锅可做米饭，不需花太多时间，只要记住几杯米加入几杯水，烧开后转小火计时8分钟后，放进外锅再焖15分钟即可；放入外锅时不掀开锅盖还有保温效果，清洗时仅需加入洗碗布轻轻刷洗即可。

← 平底不粘锅

一般不锈钢锅具需烧热后再倒油，油温不够容易使食材粘锅、变焦。不粘锅是初学者的最佳帮手。建议选择有五层涂层的优质平底锅，一般市售不粘锅的涂层大多是三层，品质较差的涂层使用期较短。好的不粘锅好煎、好洗、零失败，能减少油的使用量，甚至不用加油即可烹调。清洗时简单、快速，在热锅背部先冲水降温，以海绵加少许清洁剂冲洗干净即可。

烹饪前的食材处理和刀工

先将食材处理好，用较常用的刀工分切，
会让烹饪变得更方便。

蔬／菜／处／理／和／刀／工

示范：

洋葱切半

先切去洋葱枯黄的根，再切去洋葱头，
但要保留根部的柄以固定住洋葱叶片，
利用刀面去除外层枯皮，再将洋葱洗
净，将洋葱对切成两半。

1

2

3

4

5

洋葱切丝

取一半洋葱，下刀时，刀必须保持与洋葱面
垂直状态，依序切丝，这样切出的洋葱丝粗
细才会一致。

1

2

洋葱切碎

取一半洋葱，下刀时刀在洋葱面的1/3位置
处下刀，必须保持与洋葱面呈现垂直状态，
切完丝后，再取另一面切入3~4刀，即可切
成碎状。

1

2

3

4

5

6

● 切洋葱时，会有大量的刺激性物质释放到空气中而导致流眼泪，切割前将洋葱放入水中浸泡约5分
钟，可以减少对眼部的刺激。

切片、切碎

1. 将蒜去皮后切成厚约0.1mm的片。

1   2   3

2. 将蒜片切成丝，再切成末。

1   2

切丁

将胡萝卜洗净后，削去外皮；再如图3所示切去一整片胡萝卜使胡萝卜固定在砧板上，再将胡萝卜切成相同厚度的厚片，然后切成条状，最后切成丁状。

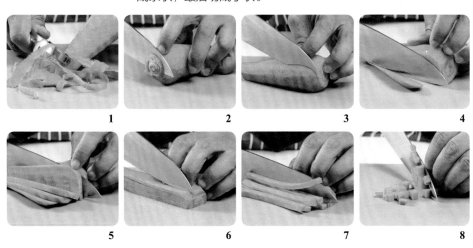

1   2   3   4

5   6   7   8

● 切下的胡萝卜皮、西芹的老梗及皮、洋葱皮可不丢弃，熬煮高汤时加入少许，可增加高汤的甜度与风味，若是想让高汤呈现琥珀色，需将洋葱先烤过上色，再来增加高汤色泽。

切块

西芹洗净后，先去除老梗，再刨去表面老皮，边切边旋转、切成不规则块状。

1

2

3

4

小黄瓜洗净后，先去蒂，再切成滚刀块。

1

2

番茄洗净后去蒂，先对切成两半，再依次切成片、块、滚刀块。

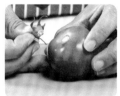

1

2

3

4

5

6

十字刀法

杏鲍菇先切成两半后，用刀在杏鲍菇划上约0.2mm的深度，换方向划出0.2mm的深度。

1

2

3

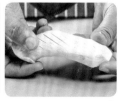

4

海／鲜／处／理／和／保／存

头足类

墨鱼、鱿鱼等头足类的处理方式皆大同小异；尽快处理完后，用厨房用纸拭干多余水分。再密封冷藏保存（1~2天食用），或装入密封保存袋冷冻保存。

示范：**鱿鱼**

先用食物剪刀在鱿鱼嘴处夹出牙齿，在头部和身体间，剪断连接处，然后握住头部，拖出内脏、取出骨板；再剥除全部皮膜、剪掉内脏，最后剪掉眼睛、用水清洗干净。

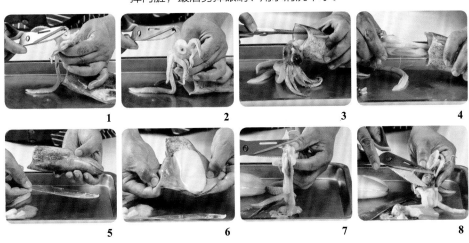

虾类

白脚虾、草虾、明虾、滑皮虾等虾类的处理方式大同小异；尽快处理完后，用厨房用纸拭干多余水分。再密封冷藏保存（1~2天食用），或装入密封保存袋冷冻保存。

示范：**明虾**

先剪须、再剪虾脚，剪除头部触角和虾尾，将虾身弯曲，用牙签挑出肠泥。

比起少油，你更应该选好油

人体五大基本营养需求：脂肪、蛋白质、碳水化合物、维生素、矿物质。"营养缺乏"或"摄取不均衡"代表"营养不良"，随着人们生活水平的提高，"营养缺乏"问题并不常见，但是很多人都存在营养不均衡的问题。

"少油、少盐"是现代人普遍遵循的烹饪方式，很多人会误认为人体不需摄取油脂，所以会造成"营养不均衡"的问题。其实人体不能完全不摄入油脂，而是应摄取好的油脂，才能让新陈代谢正常，保持人体健康。

"高脂血症"或"高胆固醇"患者担心摄取过多油脂，而每天以无油料理方式烹煮三餐，因此造成心血管问题更加严重，因为摄入适量油脂可以帮助调节心血管的"血脂"与"胆固醇"的浓度，这是一般人所不知道的油脂对人体的益处。

什么是好油？

包装营养标示清楚

食用油的包装，除了必须标示产品与厂商的详细资料外，营养标示也必须清楚。一般消费者最容易犯的错误是不看背面的成分标示，而常买到名称与实物不符的食用油，如正面标示"调和油"的产品，是以多种油品混合而成的产品，应细看背面成分标示，依法规定需以油脂含量最多的油脂标示至含量最少的油脂，如标示：色拉油、芥花油、橄榄油；这表示色拉油含量最多，其次是芥花油，橄榄油含量最少。

暗色玻璃瓶装盛

"玻璃瓶"最适合盛装食用油。选择用玻璃瓶装的食用油，应以暗色玻璃瓶为主，因为食用油中的营养成分会因光线造成"光氧化"，使营养成分流失，若以暗色玻璃瓶盛装食用油，可避免因光线造成的品质劣变。

减低油烟造成的伤害

好的食用油可以减少油烟对肺部造成的伤害。由于中国人习惯用高温、大火的烹饪方式，所以油脂的稳定性特别重要，除了选择"烟点"高的食用油以外，也应该时常观察厨房抽油烟机及锅具的状况。好的食用油搭配适当的锅具，在烹饪过程中所产生的"烟"多为食材加热后所产生的水蒸气，并非所谓的"油烟"，所以抽油烟机及厨具较好清洗，不会有伤害肺部的油烟物质。

智慧女神送给人类的礼物——橄榄油 - - - - - - - - - -

橄 榄油在低温的制作环境下，可以保留最丰富的营养成分及风味，使其带有淡淡的果香味，外观呈现黄绿色。橄榄油依制作方法约分成三种等级：特级冷压橄榄油（Extra Virgin Olive Oil）、纯橄榄油（100% Pure Olive Oil）、精制橄榄果渣油（Olive Pomace Oil）。如果是原装进口的橄榄油，都会在产品正面标签上标示原文的等级名称。

"特级冷压橄榄油"，又称为"第一道冷压橄榄油"或"初榨橄榄油"，是橄榄油中等级最高、营养也最丰富的。新鲜采摘的橄榄果实直接压榨成油，可直接食用，且必须符合严格的检验程序，才能冠上"特级冷压橄榄油"的等级名称。这种带有特殊香味的食用油，烹饪温度适合中、低温度，可用于一般炒菜的料理方式，但请避免油煎及油炸等高温烹调。

橄榄油的产地

西班牙、意大利、希腊等国是橄榄油主产区，产量占全球80%以上。橄榄树需种植10年以上才能收成，一年采收一季，每棵橄榄树所收集的橄榄只能压榨4~5升的橄榄油。

橄榄油的好处

很多西方神话故事中都会提到橄榄树或橄榄油，希腊神话描述橄榄树是智慧女神"雅典娜"送给人类的礼物，代表"胜利"与"和平"。当时的人类发现橄榄树可生长到千年以上，树叶在寒冷的冬天不会枯黄或掉落，因此认为橄榄树是"长寿之树"。现代科学家们更进一步研究证明，橄榄油富含"橄榄多酚"与"单元不饱和脂肪酸"，是健康的食用油，也是地中海国家人民保持"长寿"与"健康"的秘诀。

≪ 你所不知道的油脂的好处 ≫

● 运送油溶性维生素

维生素A、维生素D、维生素E、维生素K为"油溶性维生素"，必须借由油脂才能让人体吸收。如果烹煮蔬菜不加食用油，人体将无法吸收存在于蔬菜中的"油溶性维生素"，因此会造成营养摄取不均。

● 提供"必需脂肪酸"

"必需脂肪酸"为人体无法自行合成的"脂肪酸"，例如"多元不饱和脂肪酸"。必须从食物中获取。

● 调节作用

人体血脂与胆固醇异常问题可以利用食用油中的"不饱和脂肪酸"调节，以降低血液中血脂与胆固醇的浓度。

● 提供饱足感

油脂停留在胃部的时间比营养素更长，摄取含有油脂的食物可以增加饱足感，不会让人体时常处于饥饿状态，因而摄取过量的食物，这种情况在冬天感受最明显。

● 增加食物的风味与质感

食材里的香味物质需要被油脂所激发，还可以延长食物的香气保留时间。此外，油脂可以帮助加热食物，并让其展现不同的风味，含油脂的食物看起来也较可口。

日本营养午餐指定用油——玄米油

米 的营养价值集中在糙米的麸皮与胚芽（米糠）部位，其营养价值为大米的四倍，但是现代人追求精致饮食，经常食用去除麸皮与胚芽的大米，只摄取到大米的热量，而摄取不到糙米的营养价值。

玄米油又称"糙米油"，是以糙米的"麸皮"与"胚芽"为原料制作的食用油。保留完整糙米营养精华，内含植物固醇与天然维生素E，以及其他种子食用油没有的γ-谷维素（Gamma Oryzanol）。

烟点高达250℃的玄米油，适合高温烹调。带有淡淡米香，适合亚洲人的口味。在高温烹调情况下能够保持不变质，所烹调的食物不易吸附油脂，因此不会摄取过多热量。玄米油富含的"谷维素"是成长必需的营养来源，可提高精神及注意力，让学习更有效率，因此被日本中小学营养午餐指定为食用油。

玄米油的产地

压榨玄米油的原料麸皮与胚芽需在稻谷碾臼后24小时内经特殊加工技术加工成玄米油，否则容易在酶的作用下变质，目前以泰国及意大利的生产量较多，在国内购买的玄米油多数由国外进口。

玄米油的好处

γ-谷维素，是一种促进生长的物质，它存在于谷类，可以从糙米的麸皮与胚芽中提炼出来。谷维素是一种抗氧化物质，具有抗皮肤老化、阻挡紫外线的作用。谷维素可作为调节自律神经失调的健康食品，也可以帮助调节血糖与胆固醇的平衡。

深受亚洲消费者喜爱——葡萄子油

葡萄子油以酿制葡萄酒的葡萄子为原料。在橡木桶酿造葡萄酒的过程中，葡萄子与葡萄皮需在酿造开始的一星期后移出橡木桶，以免葡萄子与葡萄皮中的花青素影响葡萄酒的品质。葡萄果实的花青素存在于葡萄子与葡萄皮中，所以使用葡萄子制作的食用油，富含花青素，呈现淡绿色的白葡萄酒颜色，油质清爽不油腻，且品质安定，加热至240℃以上才会产生油烟，适合中高温烹饪使用，深受亚洲消费者喜爱。

油质清爽是葡萄子油给人的第一印象，因为含有花青素，所以呈淡绿色。葡萄子油制作工艺极其复杂，产量极少，1000千克的新鲜葡萄，才能获取1千克的葡萄子油，还要确保每瓶葡萄子油含有足够的花青素。

葡萄子油的产地

由于制作葡萄子油需要使用大量的新鲜葡萄，只有大规模的酿制葡萄酒产地才能生产，因此主要产地为意大利、西班牙及法国。

葡萄子油的好处

葡萄子油富含抗氧化物质花青素。可保持皮肤的弹性，所以又被称为"可以吃的保养品"。葡萄子油的"多元不饱和脂肪"可以帮助降低人体血管里的血脂浓度，可以预防心血管疾病的发生。由于葡萄子油拥有的高发烟温度特性，适合烹饪中、高温的料理方式，特别适合油煎及油炸的料理。

PART 01

让料理增添美味的好帮手

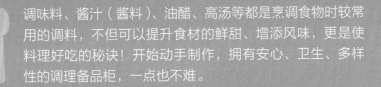

调味料、酱汁（酱料）、油醋、高汤等都是烹调食物时较常用的调料，不但可以提升食材的鲜甜、增添风味，更是使料理好吃的秘诀！开始动手制作，拥有安心、卫生、多样性的调理备品柜，一点也不难。

调味料
Seasoning

一道料理想要在菜色上兼顾营养、健康外，还能吸引食客的目光其实并非难事。

油、盐、酱油、醋、糖、酒都是天然的调味料，还可以充当食物的防腐剂，除了可以增加食物的风味外，在没有冰箱的年代，也可长期保存食物，不至快速腐坏，腌渍得当，还能保证在新鲜蔬菜不多的季节也有食物可吃。

烹饪普通食材时，加入香料、西式香草、食用花，既能激发出食材本身的鲜味，更增进了食欲，提升用餐时的愉快情绪。

众多常见的西式香草

● 迷迭香：烹制肉类时的常用调料，新鲜的迷迭香具有非常浓郁的香气，取几支用于肉类腌制，即可使食材有扑鼻的香气，在种植上也不难，属多年生的小灌木植物，细叶状，枝叶上有黏黏的汁液，是其特征。

● 鼠尾草：适合去除羊肉的膻味，叶片表面有细细的白毛，怕水、怕热。

● 茵陈蒿：细长叶，叶片光滑，气味清爽。常用于制作法式料理。使用时打成汁，加些冰块、蜂蜜，清凉又消暑。

● 奥勒冈：又叫比萨草，制作比萨时的必用食材，但是最常用于肉类和德国猪蹄的烹饪。匍匐生长于地面，叶片呈圆形、对生，叶片有细毛，容易种植。

● 马郁兰：味道甜美，带有轻微刺激性，略苦。叶片呈圆形，略小，叶面有白毛，

开花时，叶顶端有圆球形的花团（带有香气，不应丢弃），除用于咸味料理的制作外，也可用于烘焙。

- **甜罗勒：**和罗勒属同科植物，让人常与罗勒混淆，宽大光亮的叶片，气味香甜，无罗勒的刺激性气味，花穗外形和罗勒相同，鲜品采收保存不易，容易变黑；也是制作青酱的主要食材，打成酱后，保存时，油一定要淹盖过青酱表面，就不会氧化变黑。甜罗勒在夏天生长良好，但是在冬天前，会大量开花，尽量采收打成青酱备用，花穗也可以打酱。

- **欧芹：**有两种，一种是卷叶的荷兰芹，具有浓烈的香气，常被误用作装饰草，是西式料理中很重要的香草之一。

　　另一种叫作平叶欧芹，又称意大利欧芹，叶平光滑、香味清新，大多运用在汤品、意大利面、比萨等制作上，用途广泛。在种植上，两者均怕热、怕水，太潮湿会使整株腐烂。

　　香草植物是属全日照植物，喜欢干湿合宜的土壤，除了甜罗勒喜光、喜热外，其余香草都怕光，在盛夏时，加层黑网遮阴，可免去被晒伤的可能。

　　无论是何种香草植物，都需常修剪，枝条才会活化，继续生长茂盛，而修剪下来的香草枝叶，或是从超市买回后使用剩余的，本着物尽其用的原则，泡油、醋、盐，是最好的保存方式。

　　胡椒、丁香、油桂、月桂叶、柠檬香茅、泰式柠檬叶、茴香子、花椒、八角、豆蔻、肉桂……这些常用香料各有其香味、特色，善用你的巧思与双手，即能调配出令人惊艳的味道。

盐粉

(分量) 60g / (保存) 常温1年 / (特色) 天然无添加、无漂白

粗盐是天然海盐结晶，取60g海盐放入研磨盒中，盖上盖子后，放入搅拌棒快速研磨即成盐粉。

MEMO

✽ 量多时可利用密封罐或是夹链袋保存，可在粉末中放入防潮包，以防盐粉结块。

糖粉

(分量) 100g / (保存) 常温1年 / (特色) 天然无添加、无漂白

将100g原色冰糖放入研磨盒中，盖上盖子后，再放上搅拌棒快速打成粉末状。

MEMO

✽ 原色冰糖颗粒较粗，烹饪时不易溶化，研磨后可快速与食材结合，甜度较低，可利用密封罐或密封保存袋加防潮包常温保存。

胡椒盐粉

分量 — 140g / 保存 — 常温1年 / 特色 — 自然香醇风味

材料 白胡椒 —— 5大匙 肉桂 —— 1小匙 丁香 —— 1小匙 黑胡椒 —— 1小匙
粗盐 —— 1/4小匙 原色冰糖 —— 1小匙

1. 取研磨盒先放入白胡椒和肉桂。
2. 加入丁香、黑胡椒、粗盐、原色冰糖。
3. 盖上盖子，放上搅拌棒，先以慢速拌匀。
4. 以快速打至呈粉末状即可。

MEMO
✤ 市售胡椒盐粉均会添加味精及防潮的粉末，自己做可以只利用香料且不含添加剂，因为香气足且香料天然，一样可以达到市售的水准。

香菇调味粉

分量 — 70g / 保存 — 常温6个月 / 特色 — 菇味十足

材料
干香菇 —— 30g
白胡椒 —— 1大匙
海带芽 —— 1大匙

调味料
粗盐 —— 1/4小匙
原色冰糖 —— 1小匙

1. 将带柄干香菇掰成大块。
2. 在研磨盒中加入白胡椒、粗盐、原色冰糖。
3. 盖上盖子，放上搅拌棒，再以快速打成粉末状。
4. 掀开盖子后，放入干香菇、海带芽再次打成粉即可。

MEMO

✤ 市售的香菇粉几乎是加工食品；干燥的香菇即能制成简单的香菇粉，亦可添加脱水的圆白菜干、胡萝卜干增加蔬菜甜味，使用的香菇要干燥，研磨后的粉末才会细腻。

1

2

3

4

山胡椒调味粉

分量 90g / 保存 常温6个月 / 特色 略带柠檬清香

| 1 | 2 | 3 | 4 |

| 3 | 4 |

材 料 干燥山胡椒 —— 75g

调味料 粗盐 —— 1/4小匙
原色冰糖 —— 1小匙

1. 取研磨盒，先加入干燥山
   胡椒。
2. 加入粗盐以及原色冰糖。
3. 盖上盖子，放上搅拌棒，先以
   慢速拌匀。
4. 再快速打至呈粉末状即可。

> ### MEMO
> ✳ 蒸鱼或是炖肉、煮汤均可添
> 加山胡椒。研磨成粉的山胡
> 椒味道更加浓郁、料理的口
> 感也会更加丰富。

意式香料粉

分量 — 30g / 保存 — 常温3个月 / 特色 — 天然单纯

材料

干燥奥勒冈叶 —— 2大匙
干燥罗勒叶 —— 1大匙
干燥迷迭香叶 —— 2大匙
干蒜（或蒜酥）—— 1大匙
干燥洋香菜叶 —— 1大匙

1. 将全部香料加入研磨盒中（如果是自行烘干的香草，只取叶片）。
2. 盖上盖子，放上搅拌棒，快速打成粉末状即可。

1

2

MEMO

✤ 新鲜香草可以清洗干净，用蔬菜脱水机去除多余水分后，晒干或是将香草捆成团，垂吊在室内通风处至水分基本蒸发；也可以透过食物低温烘干机烘干，或者是取一个层架，铺上厨房用纸，再将新鲜的香草平铺在厨房用纸上至干燥即可。

蔷薇盐粉

| 分量 | 70g | 保存 | 常温6个月 | 特色 | 淡雅花香 |

材 料 干燥蔷薇 —— 10g　调味料 粗盐 —— 60g　原色冰糖 —— 1/4小匙

1. 取研磨盒，加入粗盐。
2. 放入原色冰糖。
3. 放入干燥蔷薇。
4. 盖上盖子，放上搅拌棒，快速打至呈粉末状即可。

MEMO

✦ 新鲜蔷薇摘除后，用流水冲洗干净后捞起，再以蔬菜脱水机脱去多余水分，晒干。或是取一个层架铺上厨房用纸，再将新鲜的蔷薇，平铺在厨房用纸上至干燥即可。

墨西哥香料粉

（材　料）干蒜 —— 1大匙　干燥奥勒冈 —— 1大匙　干辣椒 —— 30g
　　　　小茴香 —— 1大匙　匈牙利红椒粉 —— 2大匙
（调味料）粗盐 —— 1/4小匙　原色冰糖 —— 1/4小匙

MEMO

✱ 墨西哥香料粉制作完成后，用密封罐保存；
可以使用在腌渍肉类或蔬菜调味，属于口味
比较重的香料粉，可搭配炭烤料理的调味。

1

2

3

4

1. 取研磨盒，放入干蒜、粗盐以及原色冰糖。
2. 盖上盖子，放上搅拌棒，再以快速打成粉末状。
3. 加入干燥奥勒冈、干辣椒、小茴香、匈牙利红椒粉。
4. 再次盖上盖子，放上搅拌棒，以快速打成粉末状即可。

蒜香橄榄油

分量 — 500mL / 保存 — 常温6个月 / 特色 — 温润的蒜味香

(材 料)

特级橄榄油 —— 500mL
蒜瓣 —— 50mL

 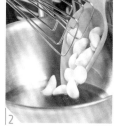 

1. 取一个汤锅，先倒入200mL的特级橄榄油。

2. 倒入蒜瓣，以小火加热至150℃（蒜瓣四周有小泡）后熄火。

3. 再加入300mL特级橄榄油，降温后装瓶即可。

MEMO
橄榄油冷藏后油脂会结晶是正常现象，只要将冷藏的橄榄油移置于常温环境下即可化冻。蒜香橄榄油制作完之后，可以运用在凉拌或是炒类的烹调；拌沙拉时加入适量，会有浓郁的蒜味香气。

香草橄榄油

 分量 — 500mL / 保存 — 常温3个月 / 特色 — 自然香草芬芳

材料

特级橄榄油 —— 500mL
迷迭香 —— 5g
百里香 —— 5g
奥勒冈 —— 5g

MEMO
✜ 新鲜香草洗净后，可以利用蔬菜脱水机脱去多余残留在叶面的水分，香草中的水分保留得越少，橄榄油的保存时间就越长。
✜ 提炼好的香草橄榄油，可以运用在凉拌或异国料理的提香，制作沙拉、意大利面、凉拌菜均可以添加。

1. 取100mL特级橄榄油倒入锅中，加热至120℃。
2. 再依序放入已洗净并充分沥干的迷迭香、百里香、奥勒冈。
3. 用中低油温炸至无水分，捞起香草后放入瓶中。
4. 倒入剩下的400mL特级橄榄油降温，再倒进放香草的玻璃瓶中。

1

2

3

4

复方香草醋

 分量 — 500mL / 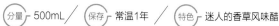 保存 — 常温1年 / 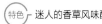 特色 — 迷人的香草风味醋

材 料

茵陈蒿 —— 5g　马郁兰 —— 5g
鼠尾草 —— 5g　糙米醋 —— 500mL

1

2

3

1. 将所有香草洗干净后，用脱水机脱干水分，再以厨房用纸擦干备用。
2. 取玻璃瓶，放入茵陈蒿、马郁兰、鼠尾草。
3. 再倒入糙米醋，盖上盖子，浸泡30天即可。

MEMO
✳ 复方香草醋带有淡淡的香草香，除了提升沙拉风味外，也可以添加在凉拌的开胃菜中。

香料黑豆油

材料

八角 —— 3g　花椒 —— 5g　豆蔻 —— 10g　肉桂 —— 5g　月桂叶 —— 5片
干辣椒 —— 20g　无添加黑豆油 —— 500mL

1. 取玻璃瓶，放入八角、花椒、豆蔻、肉桂、月桂叶及干辣椒。
2. 再倒入无添加黑豆油，盖上盖子，放置于阴凉处。浸泡7天后即可。

MEMO

✤ 无添加黑豆油是把黑豆油中的糖及焦糖酱色降到最低，浸泡香料时可充分激发出香料的香气，有别于一般的黑豆油，浸泡好的香料黑豆油，在烹调时可除去香料熬煮的时间，炒菜或是卤菜、拌菜时都可以使用。

酱 料
S a u c e

在中华饮食文化里，吃白斩鸡、白切肉时要蘸蒜泥酱油，客家饮食中蘸的是酸橘酱，吃鱿鱼、墨鱼、虾时要蘸五味酱，吃大米饭时要拌猪油肉臊酱，拌面条时要加芝麻酱等。

西方国家的酱料文化中，做五色酱是每个厨师都应该掌握的基本功，一般家庭里，吃面包会涂蛋黄酱，吃牛排要配牛排酱，吃意大利面要调和着番茄红酱、奶油白酱、罗勒青酱，吃沙拉时更是有多种酱料可以选择：千岛酱、油醋酱、凯撒酱、莎莎酱……

所谓酱料，是用清油、大豆酱油或蛋黄酱、酸奶、醋为基底；佐以新鲜香草（甜罗勒、小葱等）、辛香料（蒜头、姜、洋葱、辣椒、香菜等）、坚果、四季水果、奶酪粉、鱼、肉、盐、糖加以调味，混合所有材料，用搅碎的手法，将其搅拌均匀，成为或清或黏稠的液体，涂、淋、蘸于食材上，佐以食之，浓淡皆宜。

总归，酱料是食物的灵魂，同一种食材搭配不同的酱料就会幻化出丰富的层次感，同一种酱料却不仅只能搭配某种食材；没有酱料的调配食材也不会呈现出丰富的滋味。

意式油醋

分量 — 90mL / 保存 — 冷藏2个月 / 特色 — 香草味的油醋汁

材料 洋葱 —— 80g 蒜 —— 10g 冷压橄榄油 —— 100mL 干燥香芹碎 —— 2g

调味料 盐粉 —— 1/4小匙 糖粉 —— 3大匙 白酒醋 —— 30mL 意式香料粉 —— 1大匙

1. 洋葱洗净后去蒂、去皮，切碎备用。
2. 蒜切碎备用。
3. 取拌盆，加入盐粉、糖粉、白酒醋一起拌匀。
4. 再缓慢倒入冷压橄榄油，搅拌均匀。
5. 加入洋葱末、蒜末、意式香料粉、干燥香芹碎拌匀。

MEMO
✛ 油醋是西式沙拉必备酱汁之一，以新鲜香草来制作，其香而不抢味的香气别于一般的酱汁，可用来做凉拌菜或是沙拉。
✛ 调味料里的盐粉和糖粉的做法请参照P30，意式香料粉的做法请参照P34。

蛋黄酱

分量 — 400g / 保存 — 冷藏7天 / 特色 — 自制沙拉酱

 |1
 |2
 |3

 |4
 |5

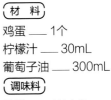

〔材料〕

鸡蛋 —— 1个
柠檬汁 —— 30mL
葡萄子油 —— 300mL

〔调味料〕

盐粉 —— 1/4小匙
糖粉 —— 2大匙

1. 取一个量杯，放入鸡蛋、盐粉、糖粉及柠檬汁。
2. 倒入葡萄子油备用。
3. 在搅拌棒装上多孔刀头后，放置接触杯底。
4. 快速乳化鸡蛋以及调味料。
5. 缓慢地将搅拌棒提起即可。

MEMO

✤ 市售的蛋黄酱是使用精致色拉油及乳化剂制成的，可以利用有营养成分的油脂来自制蛋黄酱。在制作过程中添加酸奶或水果泥，如芒果、草莓等就能变化成水果风味的酸奶酱汁，可以搭配炸物食用或作为沙拉调味酱。

✤ 调味料里盐粉、糖粉的做法请参照P30。

凯撒酱

分量 —— 430g / 保存 —— 冷藏7天 / 特色 —— 经典酱汁

材料 蒜 —— 5g 酸豆 —— 5g 洋葱块 —— 10g 鳀鱼 —— 1g 柠檬汁 —— 30mL
鸡蛋 —— 1个 葡萄子油 —— 300mL

调味料 奶酪粉 —— 1大匙 盐粉 —— 1/4小匙 糖粉 —— 1大匙

1. 将蒜放入油锅中用小火炸至金黄色，捞起待凉备用。
2. 取一个量杯，放入酸豆、洋葱、蒜、鳀鱼。
3. 放入奶酪粉、盐粉、糖粉、柠檬汁以及鸡蛋。
4. 缓缓倒入葡萄子油备用。
5. 搅拌棒装上"十"字刀头后，放置接触杯底。
6. 快速乳化鸡蛋及调味料。
7. 最后缓慢将搅拌棒提起即可。

|1

|2

|3

|4

|5

|6

MEMO

✽ 制作凯撒酱会加入蒜提香，蒜要先去皮烤过或炸过，若炸过须炸至软化，切要注意避免过度焦化而产生苦味；做好的凯撒酱可搭配罗马生菜食用，也可当西式蘸炸物的酱料。

✽ 调味料里的盐粉、糖粉做法请参照P30。

|7

千岛酱

| 分量 500g | 保存 冷藏7天 | 特色 粉红色酱料 |

材料 洋葱 —— 20g 酸黄瓜 —— 20g 水煮蛋 —— 1个 鸡蛋 —— 1个 柠檬汁 —— 30mL
葡萄子油 —— 300mL

调味料 盐粉 —— 1/4小匙 糖粉 —— 2大匙 番茄酱 —— 2大匙 辣椒水 —— 15mL

1

2

3

4

5

6

7

1. 先将洋葱、酸黄瓜、水煮蛋切碎备用。
2. 在量杯中放入盐粉、糖粉、鸡蛋及柠檬汁。
3. 缓缓倒入葡萄子油。
4. 搅拌棒换上"十"字刀头，放置接触杯底。
5. 快速乳化鸡蛋及调味料。
6. 再缓慢将搅拌棒提起。
7. 加入步骤1的混合物以及番茄酱、辣椒水，充分拌匀即可。

MEMO
❀千岛酱在很多餐厅中使用频率都较高，将配料中的蔬菜替换为花生粉，又会形成一种新的风味；千岛酱除了可搭配生菜沙拉以外，还可当酱汁或蘸酱搭配炸海鲜、炸洋葱圈等一同食用。
❀调味料里的盐粉、糖粉做法请参照P30。

五味酱

分量 — 300g / 保存 — 冷藏7天 / 特色 — 招牌海鲜蘸酱

材料 姜 —— 20g 蒜 —— 20g 香菜 —— 10g 辣椒 —— 30g（2根）

调味料 番茄酱 —— 6大匙 香油 —— 1大匙 乌醋 —— 1匙 糖粉 —— 2大匙
香料黑豆油 —— 1大匙

1. 先将姜、蒜放入量杯中。
2. 倒入番茄酱、香油、乌醋、糖粉、香料黑豆油。
3. 将搅拌棒换上"S"形刀头，放置接触杯底，快速打成泥。
4. 放入洗净、沥干的香菜、去蒂的辣椒，打碎即可。

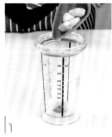
1

2

3

4

MEMO

* 五味酱可以作为食用海鲜时的蘸酱。制作这道五味酱时，由于加入自己浸泡的香料黑豆油，所以多了一分香料味，且有别于传统的五味酱，水煮、汆烫海鲜非常适合蘸着五味酱吃，可以品尝出海鲜真正的甜味。
* 调味料里糖粉的做法请参照P30，香料黑豆油的做法请参照P041。

洋葱酱

分量 — 180g / 保存 — 冷藏7天 / 特色 — 洋葱甜味

材料 洋葱 —— 100g 蒜 —— 20g 红葱头 —— 20g 玄米油 —— 2大匙

调味料 香料黑豆油 —— 2大匙 味醂 —— 1匙 香油 —— 4大匙

1. 分别先将洋葱、蒜切碎；红葱头切薄片备用。
2. 锅中倒入玄米油。
3. 放入红葱头片，以小火炒至金黄，再加入蒜末炒至金黄。
4. 加入洋葱碎继续炒，至洋葱呈微黄色。
5. 加入香料黑豆油、味醂调味。
6. 加入香油稍微搅拌即可。

MEMO
❊ 洋葱酱除了当拌饭或拌面的佐酱外，还可作为烹饪时，将食材爆香的辛香料之一。
❊ 调味料里的香料黑豆油做法请参照P41。

墨西哥辣椒酱

分量 — 450g / 保存 — 冷藏3个月 / 特色 — 酸辣够劲

(材 料) 番茄 —— 6个 水 —— 1/2杯 墨西哥辣椒 —— 50g 洋葱 —— 30g 蒜 —— 10g
青椒 —— 30g

(调味料) 墨西哥香料粉 —— 1大匙 复方香草醋 —— 2大匙 香料橄榄油 —— 5大匙
盐粉 —— 1/4小匙

1. 番茄洗净、去蒂放入锅中，加入水，盖上
   锅盖待水沸后转小火，煮约2分钟。
2. 掀开锅盖，将番茄泡在冷水中去除外皮
   备用。
3. 将墨西哥辣椒、洋葱、蒜切碎备用。
4. 青椒洗净、去子，番茄切小丁备用。
5. 在步骤3、步骤4的混合物中加入墨西哥
   香料粉、复方香草醋、香料橄榄油、盐
   粉，充分拌匀即可。

 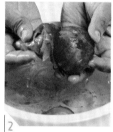

MEMO

✤ 墨西哥辣椒酱是属于味道较浓郁的酱料之
一，可以搭配脆饼当开胃菜，或搭配西式
速食餐点，如汉堡排、炸鸡排、炸猪排。
✤ 调味料里的墨西哥香料粉做法请参照
P36，复方香草醋做法请参照P40，香草
橄榄油做法请参照P39，盐粉做法请参照
P30。

水果莎莎酱

分量 — 300g / 保存 — 冷藏7天 / 特色 — 开胃解腻

材 料 芒果 —— 100g 洋葱 —— 50g 蒜 —— 20g 辣椒 —— 10g 香菜 —— 10g

调味料 鱼露 —— 3大匙 柠檬汁 —— 60mL 糖粉 —— 100g

1. 芒果洗净、削皮后，先切片再切长条，然后切成小丁状。
2. 洋葱、蒜、辣椒切碎备用。
3. 香菜去头和黄叶后洗净、沥干，择下叶子后再将梗切碎备用。
4. 在步骤1、步骤2、步骤3的混合物中加入鱼露、柠檬汁以及糖粉，充分拌匀即可。

MEMO

✳ 制作莎莎酱时，材料中的水果可换为时令水果，如木瓜、番茄、百香果、猕猴桃等；香菜梗遇酸会变黄，可在食用时再添加香菜梗碎提香。适合搭配炸鱼柳，搭配炸物还有解腻的效果。

✳ 调味料里的糖粉做法请参照P30。

香葱酱

分量 — 100g / 保存 — 冷藏7天 / 特色 — 百搭拌酱

材料　小葱 —— 60g　蒜 —— 10g　玄米油 —— 2大匙

调味料　白芝麻 —— 40g　盐粉 —— 1/4小匙　七味辣椒粉 —— 1大匙　香油 —— 1大匙

1. 将白芝麻放入研磨盒中，研磨成半粉末状备用。
2. 小葱去头、尾，洗净沥干切末，蒜切碎备用。
3. 锅中放入玄米油，用小火将蒜末炒香。
4. 加入小葱末拌炒至软化，收干多余水分。
5. 再加入盐粉调味后，加入七味辣椒粉、白芝麻粉、香油拌匀即可。

1

2

3

4

5

MEMO

✤ 密封冷藏常备时，可以拌饭、拌面，或是免除烹调中的爆香程序，直接加到锅中取代辛香料的爆香；红烧鱼或肉都可以做添加使用。

✤ 调味料里盐粉的做法请参照P30。

罗勒青酱

分量 — 230g / 保存 — 冷冻3个月、冷藏7天 / 特色 — 坚果香

(材 料) 甜罗勒 —— 100g 烤松子 —— 40g 蒜 —— 10g

(调味料) 帕马森奶酪粉 —— 2大匙 盐粉 —— 1/4小匙 冷压橄榄油 —— 140mL

1. 甜罗勒洗干净用蔬菜脱水机脱干水分，或以厨房用纸擦干水备用。
2. 再将烤过的松子及蒜放入搅拌机中打碎。
3. 续加入甜罗勒、帕马森奶酪粉、盐粉。
4. 搅拌过程中，依序加入冷压橄榄油打匀即可。

MEMO

✤ 可在甜罗勒中加入20g的新鲜欧芹碎，使色泽更加翠绿，打好的罗勒青酱务必用橄榄油油封以避免氧化变色；量过多时可以分装移至冰箱冷冻库冰存，记得油量要足以油封阻挡空气避免提早氧化。烹煮意大利面或炒饭、饺子、面食类都能做添加。

✤ 亦可使用食物调理机（建议用小台的），或果汁机。

✤ 调味料里盐粉的做法请参照P30。

高汤
Stock

高汤集合多种食材的美味精华，小火慢炖，才能成就一锅好汤。当然可以用高汤块，很方便！但如果是自己动手做，分批冷冻，也能做出能随时取用并保证餐餐美味又营养的好汤。

高汤可分两类，荤高汤是用动物性的肉、骨头（猪、牛、鸡)再加香草、香料熬煮而成；蔬食高汤则纯粹用蔬果、根茎类（玉米、胡萝卜、海带、洋葱、圆白菜……）熬煮而成。

无论是何种高汤，煮菜、煮面加一些，除了美味以外，又增加了多种营养素，一锅好汤，饭前一碗，先暖暖胃，这一餐绝对是人生至善的享受！

鸡精

（材 料）公土鸡 —— 1只（约1.8kg）

1. 将公土鸡的内脏处理干净，洗去血污，并用厨房用纸擦干水。
2. 用骨刀将骨头切断，再用肉锤将骨头拍碎。
3. 取压力锅，底锅加入800mL的水。
4. 放入一个空锅，再放入蒸屉，放入拍扁的公土鸡。
5. 盖上压力锅锅盖，以中小火煮沸，排气阀冒汽后，转小火计时1小时后熄火。
6. 待压力阀解除后，掀开锅盖取出鸡骨架。
7. 再将鸡精以油水分离壶，分开鸡精、鸡油即可。

MEMO

提炼好的鸡精放凉后，用密封保存袋分装移至冷冻冰存，或利用制冰盒结成冰块，当高汤使用；因为使用高压萃取，所以能让鸡精的分子变小，利于人体吸收，无论直接喝或是在炒菜时添加，或是煮饭时取代水的添加都是不错的选择，营养又天然健康，而且提炼完的骨架又有多种用途。

| 分量 | 1000mL | 保存 | 冷冻1年、冷藏7天 | 特色 | 养生且提升免疫力 |

《 保存鸡精方式 》

1. 锅中水烧沸后放入玻璃瓶煮2分钟后捞起。
2. 将鸡精倒入玻璃瓶中至八分满，盖上盖子后锁紧。
3. 再放入蒸锅中，盖上锅盖蒸30分钟。
4. 取出后将瓶子倒放冷却，再移至冰箱冷冻冰存。

鸡高汤

分量 — 5000mL / 保存 — 冷冻1年、冷藏5天 / 特色 — 自然鸡肉清香

材 料 洋葱 —— 2个 水 —— 5000mL 提炼鸡精后的鸡骨架 —— 1只 月桂叶 —— 3片

1. 洋葱洗净、去蒂、去皮，切成大片；放入预热至190℃的烤箱，烤10分钟。
2. 取压力锅，底锅加入水后，再放入洋葱片、提炼鸡精后的鸡骨架、月桂叶。
3. 盖上压力锅锅盖，以中小火煮沸，排气阀冒汽后，转小火计时3分钟后熄火。
4. 压力阀解除之后，掀开锅盖，过滤鸡骨架即可。

MEMO
- 利用提炼鸡精后的鸡骨架来炼高汤，鸡肉香气特别清香，炭烤过的洋葱，表面略带焦黄可以让鸡高汤略带有琥珀色，洋葱的加入可使鸡高汤更清甜。高汤可以分包冷冻或是制成冰盒冷冻。使用方式和现熬高汤一致。
- 材料里的提炼鸡精后的鸡骨架做法请参照P56。

 1
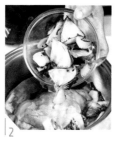 2
 3
 4

海苔鸡肉松

延伸好味 ②

分量 — 800g / 保存 — 冷藏1个月、常温7天 / 特色 — 不浪费食材

材料 提炼鸡精后的鸡骨架 —— 1只　香油海苔 —— 20g

调味料 胡椒盐粉 —— 1/4小匙　香菇调味粉 —— 1大匙　蒜香橄榄油 —— 2大匙

1. 先将提炼鸡精后的鸡骨架，去除鸡皮及骨头，只留鸡肉备用。
2. 将鸡肉用调理盒打散。
3. 起锅放入鸡肉，以小火拌炒至金黄色。
4. 加入胡椒盐粉、香菇调味粉、蒜香橄榄油一起拌炒。
5. 加入剪碎的香油海苔，充分搅拌均匀即可。

MEMO

- 提炼鸡精后的鸡骨架，去除骨头、鸡皮之后，烹饪时可作为肉松的替代物，如稀饭、饭类、炒饭，以及当寿司的内馅或是鸡肉松面包都可以。
- 没有调理盒，亦可使用食物调理机（建议用小台的）。
- 材料里的提炼好鸡精的鸡骨架做法请参照P56，调味料里的胡椒盐粉做法请参照P31，香菇调味粉做法请参照P32，蒜香橄榄油做法请参照P38。

家乡鸡肉燥

| 分量 1kg | 保存 冷冻3个月、冷藏7天 | 特色 传统口味 |

材 料 提炼鸡精后的鸡骨架 —— 1只 蒜 —— 30g 土鸡鸡油葱酥 —— 100g 水 —— 500mL

调味料 香料黑豆油 —— 5大匙 肉桂粉 —— 1/4小匙 米酒 —— 50mL 糖粉 —— 2大匙
胡椒盐粉 —— 1/4小匙

1. 先将提炼鸡精后的鸡骨架，去除鸡皮及骨头，只留鸡肉备用。

2. 蒜先切薄片再切碎备用。

3. 取一锅，放入适量鸡油，加入蒜末炒至金黄，再加入鸡肉，以中
   小火拌炒。

4. 加入香料黑豆油、肉桂粉、米酒、糖粉、胡椒盐粉及土鸡鸡油葱
   酥拌匀。加入水煮沸后，转小火继续煮3分钟即可。

MEMO
✤ 做好的鸡肉燥除了拌饭、拌面外，可以炒面或
是做成面食、焗烤料理，甚至是烫青菜的酱
汁等。
✤ 材料里的提炼鸡精后的鸡骨架做法请参照
P56，土鸡鸡油葱酥做法请参照P62，调味料
里的香料黑豆油做法请参照P41、糖粉做法请
参照P30。

鸡肉抹酱

延伸好味 ④

 分量 — 600g / 保存 — 冷藏10天 / 特色 — 鸡肉与奶油味

材 料 提炼鸡精后的鸡骨架 —— 1只　干燥欧芹 —— 3g

调味料 黄油 —— 300g　山胡椒调味粉 —— 1/4小匙　盐粉 —— 1/4小匙

MEMO

❖鸡肉抹酱可以当作面包或馒头的涂酱，也可当作带有咸味的可丽饼、铜锣烧的抹酱。也可以运用在面食类的馅料搭配之一。

❖没有调理盒，亦可使用食物调理机（建议用小台的）。

❖材料里的提炼鸡精后的鸡骨架做法请参照P56，调味料里的山胡椒调味粉做法请参照P33，盐粉做法请参照P30。

 |1
 |2
 |3
 |4

 |5

1. 先将提炼鸡精后的鸡骨架，去除鸡皮及骨头，只留鸡肉备用。
2. 黄油移至室温退冰1小时（用手指可压下程度）。
3. 将干燥欧芹切碎备用。
4. 取下的鸡肉放入调理盒，快速打碎。
5. 再取一调理盆，放入鸡肉碎、干燥欧芹碎、山胡椒调味粉拌匀，再加入黄油搅拌均匀后装瓶。

土鸡鸡油葱酥

分量 — 1kg / 保存 — 冷冻3个月、冷藏7天 / 特色 — 家乡口味

材 料

红葱头 —— 150g
提炼鸡精后的鸡油 ——
300mL

MEMO

❖ 土鸡鸡油葱酥可以用于汤或是米粉、面食的制作中，不但让汤品升级，还多了油葱味（使用提炼鸡精后鸡油，略带鸡肉香气）。

1. 红葱头洗净后去蒂、去皮，切片备用。
2. 提炼鸡精后的鸡油，以油水分离壶分离出鸡油。
3. 将鸡油加热至160℃，放入红葱头片，以小火酥炸至金黄色，捞起待凉。
4. 待锅中鸡油冷却后，和放冷的油葱酥结合装罐即可。

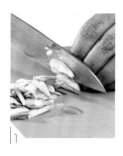   

1 | 2 | 3 | 4

蔬菜高汤

分量 — 6000mL / 保存 — 冷冻1年、冷藏7天 / 特色 — 蔬菜清甜

材 料 白萝卜 —— 1个 玉米 —— 1个 圆白菜 —— 1/2个 海带 —— 100g 月桂叶 —— 4片
水 —— 6000mL

1. 白萝卜洗净、削皮，切成大块备用。
2. 玉米洗净、切块，圆白菜洗净备用。
3. 海带以厨房用纸擦拭表面灰尘备用。
4. 取容量为8000mL的汤锅加入步骤1、2、3的食材以及月桂叶、水。
5. 盖上锅盖，以中小火煮沸，再转小火继续烹煮30分钟。

MEMO
❀ 提炼好的蔬菜高汤可以运用在蔬食汤底，或是素食料理的烹煮，保存方式可以利用制冰盒，或是分包冷冻。常备时可以分次使用。
❀ 如果使用压力锅，则盖上压力锅锅盖，以中小火煮沸，排气阀冒蒸汽后，转小火计时5分钟后关火。

凉拌海带丝

 分量 — 2人份 / 保存 — 冷藏4天 / 特色 — 运用高汤剩下产物，变化出零厨余

材料 熬煮高汤海带 —— 1份
香菜 —— 20g
辣椒 —— 20g

调味料 蒜香橄榄油—— 1大匙
香料黑豆油—— 2大匙
味醂—— 1大匙

MEMO
- 熬煮高汤的海带，虽然味道已经和汤头融合在一起，但通过香料黑豆油的调味，可以让海带风味再次升级，可当常备小菜或是便当菜使用。
- 调味料里的蒜香橄榄油做法请参照P38，香料黑豆油做法请参照P41。

 1  2  3  4

1. 将熬煮好的海带切丝备用。
2. 香菜去蒂和黄叶，洗净、沥干水分后切成1cm长的小段。
3. 辣椒对切成两半后拍扁、去子，切细丝备用。
4. 在步骤1、步骤2的混合物中加入蒜香橄榄油、香料黑豆油、味醂充分拌匀。拌好后盛盘，即可享用。

味噌萝卜小物

延伸好味 ②

分量 — 2人份 / 保存 — 冷藏7天 / 特色 — 日式风味

1. 熬煮好的萝卜切成大块状备用。
2. 小葱去头、尾，洗净沥干水分后切末。
3. 将味噌与味醂拌匀，再加入蛋黄酱充分拌匀。
4. 再将味噌蛋黄酱淋在萝卜上。
5. 撒上小葱末即可。

材料　熬煮高汤萝卜 —— 1份
　　　小葱 —— 10g
调味料　味噌 —— 2大匙
　　　味醂 —— 1大匙
　　　蛋黄酱 —— 4大匙

MEMO

☀ 蛋黄酱的滑顺口感会中和带有咸味的味噌，搭配萝卜又是一道具有日式风格的常备料理。冷藏于冰箱，等食用时再搭配味噌蛋黄酱；调好的味噌蛋黄酱也可以运用在山药的焗烤或是当作氽烫芦笋的蘸酱。

☀ 调味料里的蛋黄酱做法请参照P45。

葱香圆白菜钵物

分量 — 4人份 / 保存 — 冷藏4天 / 特色 — 钵物小菜

材料 熬煮好高汤圆白菜 —— 1份
辣椒 —— 20g
青葱 —— 20g

调味料 洋葱酱 —— 5大匙
蒜香橄榄油 —— 2大匙

1. 捞起熬煮好高汤的圆白菜，切成片状。
2. 再将圆白菜滤干多余水分，切整齐备用。
3. 辣椒对切成两半后拍扁、去子，切细丝；青葱洗净、沥干；取葱叶，先切3~5cm段，再切丝备用。
4. 再加入熬煮好高汤的圆白菜、洋葱酱、蒜香橄榄油及辣椒丝、葱丝拌匀即可盛盘。

MEMO

※ 高汤中的圆白菜，熬煮时尽可能连蒂一起烹煮，捞出后才不易散掉，因透过高压萃取，所以高汤也会较清澈，圆白菜也可和煮熟的马铃薯一同打成泥，即变成圆白菜马铃薯浓汤。

※ 调味料里的洋葱酱做法请参照P49，蒜香橄榄油做法请参照P38。

1

2

3

4

腌渍菜

Pickled Vegetables

在没有冰箱的年代，新鲜食材吃不完时，为了将食材保存的时间更长，将蔬菜进行腌制，这是再好不过的方式，运用当季食材，就能轻松腌出美味渍物。

● 什么是腌？用盐、糖、醋、油，或接菌种使蔬菜发酵，经过一定的泡制时间，不但能增加蔬菜风味，还能延长保存期限。

● 圆白菜、大白菜、芥菜、萝卜、茴香头之根茎类蔬菜，姜、柠檬、番茄、辣椒，肉、鱼类等食材，都能进行腌渍。

● 腌制时，撒入适量盐，待食材中的水分析出后，再加入如醋、油、盐、糖、酒，或复方的腌酱，或接种天然的菌种，静置发酵即可。

韩式泡菜

（材料）白菜——1棵（约1kg）
胡萝卜——50g　白萝卜——50g
韭菜——30g　蒜——50g　姜——50g

（调味料）韩式辣椒粉——3大匙
韩式辣酱——5大匙　味醂——50mL
盐粉——3大匙

1. 将白菜洗净、沥干，对切成两半。
2. 将胡萝卜、白萝卜洗净后削皮、刨丝。
3. 韭菜洗净、沥干、切段，将蒜、姜磨成泥状。
4. 将韩式辣椒粉、韩式辣酱、味醂及蒜泥、姜泥拌匀备用。
5. 把白菜掀开叶片、一片片地撒上盐粉，腌30分钟。
6. 将腌渍好的白菜，挤干多余水分备用。
7. 加入步骤4的混合物，加入胡萝卜丝、白萝卜丝、韭菜充分拌匀。
8. 放于室温阴凉地方，发酵1周后，冷藏保存即可。

MEMO
❖ 腌好的韩式泡菜可搭配火锅、韩式拌饭、生菜搭烧肉、韩式煎饼等，泡菜可当常备菜，冷藏在冰箱随时可用；但放越久泡菜就会变得更酸。
❖ 调味料里的盐粉做法请参照P30。

1　2　3　4

5　6　7

山胡椒姜黄萝卜

分量 — 6人份 / 保存 — 冷藏3个月 / 特色 — 天然风味

材料
白萝卜 —— 400g
干燥山胡椒 —— 30g
朝天椒 —— 30g

调味料
盐粉 —— 1大匙
白酒醋 —— 400mL
山胡椒调味粉 —— 2大匙
糖粉 —— 6大匙
姜黄粉 —— 1大匙

1. 白萝卜洗净、削皮，切成5cm长的段后放入容器中。
2. 撒入盐粉，以重物压（也可用钢盆装水）3小时备用。
3. 先取100mL白酒醋加入山胡椒调味粉、糖粉、姜黄粉、干燥山胡椒。
4. 加热至糖溶化即可熄火（无须煮至沸腾）。
5. 再倒入剩余300mL白酒醋充分搅拌，降温至常温。
6. 再放入腌出水分的白萝卜和朝天椒，腌渍2星期即可。

1

2

3

4

5

6

MEMO

* 可以当常备小菜或是便当内的小菜，亦可当寿司里的内馅使用，除了让寿司颜色变得更丰富之外，还有调味的效果。
* 调味料里的山胡椒调味粉做法请参照P33，盐粉和糖粉做法请参照P30。

PART
1
让料理增添美味的好帮手 ■ 腌渍菜 Pickled Vegetables

香料茴香

分量 — 6人份 / 保存 — 冷藏1年 / 特色 — 开胃

(材 料) 茴香头 —— 300g 辣椒 —— 50g

(调味料) 复方香草醋 —— 500mL 盐粉 —— 1大匙 糖粉 —— 2大匙

1. 茴香头洗净、沥干或用厨房用纸擦干水，对切成两半后再对切成1/4备用。
2. 烧一锅沸腾热水，再将茴香头略氽烫3秒，迅速捞起。
3. 用电风扇急速吹凉，降温备用。
4. 待凉的茴香头加入辣椒、复方香草醋、糖粉、盐粉充分拌匀。
5. 腌渍7天即可食用。

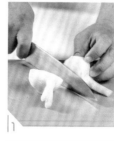

MEMO

✤ 带有特殊茴香气，切丝后可以搭配洋葱丝炒鸡肉或海鲜，酸酸的味道适合酸甜口味的热料理，或者搭配清爽小黄瓜、番茄、洋葱搭配凉拌海鲜一同食用。

✤ 调味料里的复方香草醋做法请参照P40，盐粉和糖粉做法请参照P30。

梅汁迷你胡萝卜

分量 — 6人份 / 保存 — 冷藏1年 / 特色 — 话梅咸香

材 料

彩色迷你胡萝卜 —— 300g

调味料

盐粉 —— 1/4小匙　话梅 —— 30g
寿司醋 —— 400mL　味酥 —— 1/2杯

MEMO

* 因为是彩色萝卜，所以花青素颜色会融入醋当中，口感清脆，可以密封装罐当常备小菜，切滚刀块后加入蔬菜凉拌，或是当开胃菜或是主菜配菜均可。
* 调味料里的盐粉做法请参照P30。

1. 彩色迷你萝卜洗净、沥干后，加入盐粉，用手搓、揉20分钟。
2. 再将腌出水分后的彩色迷你胡萝卜洗净，用厨房用纸吸干水分备用。
3. 续加入话梅、寿司醋、味酥腌制7天即可。

1

2

3

茵陈蒿樱桃萝卜

分量 — 6人份 / 保存 — 冷藏1年 / 特色 — 多了花香的萝卜

材料 樱桃萝卜 —— 400g 柠檬 —— 1个 柳橙 —— 1个 茵陈蒿 —— 20g
调味料 盐粉 —— 1大匙 蔷薇盐粉 —— 1/4小匙 糙米醋 —— 400mL 糖粉 —— 1.5杯

1. 樱桃萝卜洗净、沥干，加入盐粉拌匀，用手揉搓，静置20分钟。
2. 将樱桃萝卜洗净，用厨房用纸吸干水分备用。
3. 将步骤2、步骤3的混合物洗净后用厨房用纸擦干，切薄片备用。
4. 再将步骤2、步骤3的混合物加入茵陈蒿、蔷薇盐粉、糙米醋、糖粉装罐。
5. 腌渍7天即可食用。

MEMO

* 可在樱桃萝卜的产季将樱桃萝卜腌渍起来，等于一整年都可以吃到樱桃萝卜，多了水果花香的樱桃萝卜，装入密封罐常备，可当作腌渍小菜。
* 调味料里的蔷薇盐粉做法请参照P35，盐粉和糖粉的做法请参照P30。

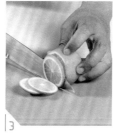

油渍番茄

分量 — 4人份 / 保存 — 冷藏1个月 / 特色 — 南欧风味

材 料

圣女果 —— 600g

调味料

蔷薇盐粉 —— 1/4小匙
糖粉 —— 3大匙
巴萨米克醋 —— 3大匙
黑胡椒 —— 1大匙
蒜香橄榄油 —— 60mL

1. 圣女果去蒂、洗净沥干，对切成两后平铺在烤盘上。
2. 撒上手作蔷薇盐粉，放入预热至60℃的烤箱，烘烤18小时备用。
3. 取调理盆放入糖粉、巴萨米克醋、黑胡椒搅拌均匀。缓慢倒入蒜香橄榄油，拌匀融合。
4. 倒入烘烤好的番茄干，充分拌匀即可。

1

MEMO

❖ 番茄干在制作时烘干时间越长保存时间越久，调味方式有很多种，但记得做好要油封与空气阻隔，食用时，再以巴萨米克醋调味泡开再调理，原味烘干番茄可以炒意大利面或是温沙拉食用。

❖ 调味料里的蔷薇盐粉做法请参照P35，蒜香橄榄油做法参照P38，糖粉做法请参照P30。

2

3

4

02

华丽变身
省时轻松的丰盛常备菜

料理非难事，只要了解食材本身特性、烹调方法，及适合的搭配与组合变化；运用本书中的食谱，从煎、煮、烫、炒、烤、炖到凉拌，在家也可以创造出专属美味、健康兼具的幸福餐桌。

肉类
Meat

肉类对成长中的小孩、孕妇及老人来说，都是不可或缺的蛋白质与动物性脂肪来源。

喜欢吃肉的人常会说：无肉不欢。餐桌上，肉类才是餐桌上的主菜，家庭用餐或是宴客，若无肉显不出主人家的诚意；不管是家禽（鸡、鸭、鹅）或家畜（猪、牛、羊），都是很好的主菜。

猪 是最早驯养的家畜肉品，不论煎、煮、炒、炸，味道都很好。菜肴加入猪肉后也会变得鲜美，不同部位的肉口感也会不同。

为了拥有充足的肉食，在猪的饲养上不断选种，选育重点放在多肉和多产上，因此出现许多著名的肉猪品种，如约克夏（俗称大白猪）。当然，对于黑色猪种，肉质味美，也广受欢迎。

- 梅花肉：为肩胛肉，前胸的上半部，位于背脊前方肩胛处，属于猪身上运动量较大的部位，肉味丰富，带有浓郁的肉香，带筋又有油脂，软嫩适中易煮，可做多种烹调料理上的变化，如火锅肉片、烧烤或白切、叉烧。
- 猪腩：俗称五花肉、三层肉，就是猪腹部的肉，油脂较多，家庭各式料理都会选其作为配料肉。
- 里脊肉：分大、小里脊，俗称腰内肉，此部位的肉质较软嫩，整体口感均匀、油脂最少，适合各种料理方式，无论肉质或口感，都是上上之选。

牛 牛肉营养价值高，加上进口牛肉市场冲击，需求渐增，而成为第二大肉类食品，仅次于猪肉。饲养方式有放牧式（放牛吃草）与圈养式（吃谷物饲料）。

- 牛肉蛋白质含量高、脂肪含量低，富含钾、铁和锌、B族维生素，性平、味甘，对人体有补血、健胃，帮助提升免疫系统。
- 牛腱：又叫腱子，是牛大腿上的肌肉，因为腿上肌肉常运动，所以肉质富含肌肉、纤维结实，色鲜红、肉质较瘦，在烹调上以卤、炖为主。
- 牛腩：指牛腹部下的侧肉，牛肋处的松软肌肉，带有筋、肉、油花的条条肉块，常用卤、炖的方式料理。
- 牛颈肉、粗横肌（牛仔骨）：前者位于牛头的后部位置，少筋、色血红；后者属牛腹部的肉，肉质很细腻，两者都适合绞成肉馅拿来做牛肉丸或煮、炸、炖。

鸡 驯化的家禽中，鸡数量最多、分布最广、用途很多，鸡肉性平、味甘、温补；自古即用鸡肉来食疗滋补身体，鸡肉富含B族维生素、磷脂类和大量的蛋白质，及不饱和脂肪酸。

鸡胸肉：肉质细嫩、低脂且味鲜美，适合煎、煮、炒、炸、炖等烹调方式。

滑嫩不腻低热量，令人吮指
秋葵梅花猪

〔分量〕—2人份 ／ 〔保存〕—冷藏2天 ／ 〔特色〕—清爽水果香去油腻

〔材 料〕秋葵 —— 100g 梅花肉片 —— 250g 金莲花 —— 适量 金莲叶 —— 适量

〔调味料〕胡椒盐粉 —— 1/4小匙 水果莎莎酱 —— 5大匙

1 秋葵洗净、去蒂，再以沸水汆烫至熟透后，以冰开水冰镇备用。

2 取梅花肉片平放，均匀撒上胡椒盐粉调味。

3 包入冰镇沥干（或用厨房用纸吸干多余）水分的秋葵卷起。

4 取不粘锅，放入卷好的秋葵梅花肉卷。

5 用中小火煎至熟透，盛盘淋上水果莎莎酱，再摆上金莲花、金莲叶即可。

MEMO ....

✤ 可以将调味、卷好的秋葵梅花肉卷冷藏常备，若想吃热菜，待食用时再煎过或用微波炉加热；冷食时从冰箱取出，再与水果莎莎酱搭配即可。

✤ 金莲花和叶片具有芥末呛辣味，可选用。

✤ 调味料里的胡椒盐粉做法请参照P31，水果莎莎酱做法请参照P51。

挑逗味蕾，美味大提升
韩式烧肉锅

分量 — 2人份 / 保存 — 冷藏2天 / 特色 — 韩式风味

材料 洋葱 —— 50g 大白菜 —— 80g 梅花肉片 —— 250g 乳酪丝 —— 50g
韩式泡菜 —— 50g 鸡精 —— 1杯

调味料 胡椒盐粉 —— 1/4小匙

1 洋葱去皮后切丝，大白菜洗净切大片状备用。

2 梅花肉片先对折，均匀撒上胡椒盐粉再放入适量乳酪丝，卷成玫瑰花形状。

3 取汤锅放入洋葱丝、大白菜、韩式泡菜。

4 放入卷好的梅花肉卷、淋上鸡精。

5 放入适量乳酪丝、盖上锅盖，开中小火煮至冒烟，转小火加热2分钟，掀开锅盖即可。

MEMO ....
❋ 做好的梅花肉卷放入保鲜盒中，放冰箱冷藏2天，冷冻可以保存7天；若是加入大量鸡高汤则可作为韩式火锅锅底食用。
❋ 材料里的鸡精做法请参照P56，调味料里胡椒盐粉的做法请参照P31。

暖胃温心，越吃越欲罢不能

金针菇寿喜锅

 分量 2人份 保存 冷藏2天 特色 日式风味

材料 洋葱 —— 30g 鱼板 —— 50g 小葱 —— 10g 金针菇 —— 200g 香菜 —— 适量
辣椒 —— 5g 五花肉片 —— 250g 鸡精 —— 1/2杯 鸡蛋 —— 1个

调味料 寿喜烧酱 —— 3大匙 清酒 —— 2大匙 味醂 —— 1大匙

1 分别将去皮洋葱、鱼板切丝；小葱洗净、沥干、切段；金针菇快速清洗用厨房用纸吸干水分，去蒂。

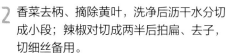

2 香菜去柄、摘除黄叶，洗净后沥干水分切成小段；辣椒对切成两半后拍扁、去子，切细丝备用。

3 将五花肉片平放砧板上，铺上适量的金针菇、小葱段，再卷起。

4 在锅中陆续放入洋葱丝、鱼板丝，并整齐地摆上五花肉片卷。

5 均匀地淋上寿喜烧酱、清酒、味醂，倒入鸡精和鸡蛋。

6 盖上锅盖，以中小火煮至冒热气后熄火，摆上香菜、辣椒丝即可。

MEMO ·········

❖寿喜烧酱，可以将清酒、酱油、味醂、海带高汤按1：1：1：1.5进行调配，也可以加入适量的柴鱼添加风味，熬煮好后的酱汁可以冷藏6天，冷冻1个月；平时可将配料切好分装冷藏保存，食用时再组合、加热即可，或是将肉片包入洋葱、金针菇、青葱卷起，放入保鲜盒冷藏常备即可。
❖材料里的鸡精做法请参照P56。

让人心满意足的绝妙搭配

梅花冬粉煲

分量 — 2人份 / 保存 — 冷藏2天 / 特色 — 春雨的滋味

材料 银芽——50g 韭菜——30g 香菜——20g 洋葱——30g 胡萝卜——30g
香菇——30g 蒜——25g 梅花肉片——150g 粉丝——60g 鸡精——1杯

调味料 胡椒盐粉——1/4小匙 炒酱——2大匙 味酥——1大匙 米酒——2大匙
香油——1大匙

1 银芽摘除头尾；韭菜、香菜去头和黄叶，洗净、沥干、切段；洋葱去皮、胡萝卜削皮、切丝备用。

2 香菇切片、蒜切末。

3 冬粉加入200mL的水（分量外）浸泡30分钟，捞起备用。

4 取梅花肉片平放砧板上，均匀撒上胡椒盐粉后，铺上适量的银芽、韭菜，再卷起。

5 在锅中陆续放入洋葱丝、胡萝卜丝、韭菜段、香菇片、蒜末以及粉丝。

6 摆上梅花肉卷。

7 倒入鸡精、炒酱、味醂、米酒、香油，盖上锅盖。

8 开中小火煮至冒烟后，熄火闷25秒钟后掀锅，摆上香菜即可。

MEMO ···
❖ 做好的梅花肉卷放入保鲜盒中，放冰箱冷藏，食用时再加热组合即可，猪肉卷还可以搭配红烧或炭烤食用，甚至可当火锅料。
❖ 材料里的鸡精做法请参照P56，调味料里的胡椒盐粉做法请参照P31。

软嫩多汁，散发浓郁香草味

炭烤香料小里脊

| 分量 | 2人份 | 保存 | 冷藏4天 | 特色 | 和其他食材组合多变化 |

材料 小里脊 —— 200g 新鲜鼠尾草 —— 20g
棉线 —— 1根

调味料 胡椒盐粉 —— 1大匙 盐粉 —— 1大匙
墨西哥香料粉 —— 1大匙
水果莎莎酱 —— 4大匙

1 小里脊平铺在砧板上，平均铺上新鲜鼠尾草（只取叶片）。

2 撒上胡椒盐粉、盐粉。

3 用棉线绑紧。

4 取不粘锅，放入绑好的小里脊肉，盖上锅盖，以中小火慢煎至两面金黄熟透。

5 剪去棉线。

6 撒上墨西哥香料粉。

7 取出切成厚片。

8 盛盘，再淋上水果莎莎酱即可。

MEMO ....

❖ 炭烤的里脊肉除了可当主食享用外，可以搭配三明治、切丝炒意大利面，或是加到炖菜中去煮，量多时可以分包冷冻，可保存约1个月。

❖ 小里脊肉也可以两面略煎上色后，放进预热至190℃的烤箱烤30分钟。

❖ 材料里的水果莎莎酱做法请参照P51，调味料里的胡椒盐粉做法请参照P31，盐粉做法请参照P30，墨西哥香料粉做法请参照P36。

一个人的幸福美味食光

炭烤香料小里脊佐青酱三明治

分量 — 1人份 / 保存 — 冷藏2天 / 特色 — 早午餐概念

材料 炭烤香料小里脊 —— 100g 小黄瓜 —— 50g 番茄 —— 1个 吐司 —— 2片
奶酪片 —— 2片 沙拉菜 —— 适量

调味料 黄油 —— 1大匙 青酱 —— 1大匙

1 将炭烤香料小里脊切片；小黄瓜、番茄洗净、去蒂，切片备用。

2 取吐司，先均匀抹上黄油。

3 涂上一层青酱。

4 依序铺上奶酪片。

5 铺上番茄片。

6 摆上小黄瓜片。

7 铺上小里脊片、吐司。

8 将烤盘小火预热至渗出水珠后，放上吐司。

9 再以煎匙压平吐司至两面金黄，搭配沙拉生菜即可。

MEMO ....

❋ 可以搭配自己喜爱的酱汁或蘸酱食用，无论夹汉堡或是春卷，甚至当配角也可以。

❋ 材料里的炭烤香料小里脊做法请参照P86，调味料里的罗勒青酱做法请参照P53。

1 将白萝卜、胡萝卜洗净、削皮后切块。

2 将番茄洗净、去蒂，洋葱洗净、去皮，都切大块状备用。

3 青葱去头、洗净、拍扁、切段。

4 牛腱切成2cm厚块备用。

5 取一锅，倒入葡萄子油，将牛腱煎至焦香熟透。

6 再放入葱段、姜片、蒜、洋葱、牛肉卤包拌炒至香味飘出后，续加入全部调味料。

7 再放入番茄、白萝卜、胡萝卜块后，盖上压力锅锅盖。

8 以中小火炖煮，排气阀冒汽后转小火，计时12分钟熄火。

9 待压力阀落下后，打开锅盖即可，享用时可撒七味粉提味。

MEMO

❋ 煮好后除了可以整锅当天食用外，也可以加入高汤和面条做成牛肉面，或是利用酱汁做成红烧口味炒面。

❋ 没有压力锅也可以用电锅，外锅要分次加4杯水（一次1杯，每次煮开后再加一次水）。

❋ 调味料里的胡椒盐粉做法请参照P31。

适合全家享用的招牌菜色

红烧牛腱

分量 —— 4人份 / 保存 —— 冷藏4天 / 特色 —— 令人迷恋的红烧滋味

材料 白萝卜 —— 250g 胡萝卜 —— 200g 番茄 —— 300g（2个）洋葱 —— 100g
青葱 —— 30g 姜 —— 30g 牛腱 —— 300g 葡萄子油 —— 2大匙（或喜欢的油）
蒜 —— 30g 牛肉卤包 —— 1包

调味料 黑豆油膏 —— 4大匙 豆瓣酱 —— 2大匙 糖粉 —— 1大匙 米酒 —— 2大匙
胡椒盐粉 —— 1/4小匙 沙茶酱 —— 1大匙 七味粉 —— 适量

经典料理，超乎想象的风味

红酒炖牛肉

分量 — 4人份 / 保存 — 冷藏4天 / 特色 — 宴客或便当菜皆宜

材料　牛腩 —— 300g　百里香 —— 2g　月桂叶 —— 4片　迷迭香 —— 2g　红酒 —— 3大匙
洋葱 —— 60g　胡萝卜 —— 200g　番茄 —— 450g（3个）葡萄子油 —— 2大匙
蒜 —— 30g

调味料　盐粉 —— 1/4小匙　胡椒盐粉 —— 1/4小匙　墨西哥香料粉 —— 1/4小匙
红酒 —— 1/2杯　番茄酱 —— 2大匙　黄油 —— 2大匙　糖粉 —— 1大匙

PART

2

华
丽
变
身
省
时
轻
松
的
丰
盛
常
备
菜 ■ 肉 类 Meat

1 牛腩切成块状再加入盐粉、胡椒盐粉、墨西哥香料粉、百里香、月桂叶、迷迭香和红酒腌渍20分钟备用。

2 洋葱去皮后切大片；胡萝卜洗净后削皮，番茄去蒂后洗净、擦干，切大块状备用。

3 取压力锅，锅中加入葡萄子油、放入整瓣蒜及腌好的牛腩，煎至焦香（金黄色时再翻面）。

4 放入番茄糊、黄油、糖粉、洋葱片以及腌渍过牛腩的红酒。

5 接着再放入胡萝卜块、番茄块之后，盖上压力锅盖。

6 以中小火炖煮，排气阀冒汽后，转小火，计时12分钟熄火。

7 待压力阀解压后，掀开锅盖即可盛盘。

MEMO

✤ 红酒炖牛肉与红烧牛肉不同之处在于菜肴带有葡萄酒香，所以也特别适合搭配鸡蛋面或奶油饭；红酒可依个人偏好来做添加，煮好后可冷藏常备，再依食用方式选择盖饭、烩饭、面食等。

✤ 调味料里的盐粉和糖粉做法请参照P30，胡椒盐粉做法请参照P31，墨西哥香料粉做法请参照P36。

主妇煮夫都爱的百搭料理

咖喱牛肉

分量 — 2人份 / 保存 — 冷藏4天、冷冻1个月 / 特色 — 浓郁的日式风味和南洋风味混搭

材料 胡萝卜 —— 100g 香茅 —— 20g 南姜 —— 30g 洋葱 —— 60g 牛腩 —— 300g 蒜 —— 30g 柠檬叶 —— 15g

调味料 黄油 —— 3大匙 日式咖喱酱 —— 2杯 盐粉 —— 1/4小匙 糖粉 —— 1大匙 椰浆 —— 300mL

1 胡萝卜洗净、削皮后，切成大块状备用。

2 香茅洗净、拍扁，将南姜切片。

3 将洋葱切片。

4 将牛腩切成块状备用。

5 锅烧热后，直接放入牛腩块，以中小火煎至两面金黄。

6 放入洋葱片、蒜翻炒。

7 加入香茅、柠檬叶、南姜片拌炒。

8 再加入胡萝卜块、黄油、日式咖喱酱、盐粉、糖粉后，盖上压力锅盖。

9 以中小火炖煮，排气阀冒汽后转小火，计时12分钟后熄火。

10 压力阀解压后，掀开锅盖加入椰浆拌匀即可。

MEMO . . . .
✣ 煮好的咖喱可冷藏或是冷冻，可用来搭配饭、面，或是仅单纯搭配法式面包、馒头，可以当作主食。
✣ 材料里的日式咖喱酱做法请参照P171，调味料里的盐粉、糖粉做法请参照P30。

蔬菜脆度和Q弹肉质完美结合

意式牛肉丸

（分量）2人份 / （保存）冷藏4天 / （特色）变化无穷的手工小肉丸

（材 料）吐司面包 —— 2片　蒜 —— 25g　洋葱片 —— 60g　西芹段 —— 30g
　　　　牛肉馅 —— 300g　什锦生菜 —— 50g

（调味料）意式香料粉 —— 1/4小匙　盐粉 —— 1/4小匙　蒜香橄榄油 —— 2大匙

1 吐司面包撕成块状，放入调理盒中。

2 绞碎。

3 加入蒜与洋葱片、西芹段，一起绞碎。

4 加入牛肉馅、意式香料粉、盐粉充分拌匀。

5 将牛肉馅搓成球状。

6 取不粘锅，以中小火将牛肉丸子煎熟。

7 将什锦生菜洗净用蔬菜脱水机脱除水分，撕成小块，拌上蒜香橄榄油。

8 放上牛肉丸即可食用。

MEMO ....

❋ 牛肉丸可以煎熟、放凉后装入保鲜盒中，放冰箱冷藏，以免被挤压变形，量过多可以分批冷
　冻，等到食用再移到冷藏室解冻，丸子除了可炭烤、焗烤、汤品、炒、炸外，亦可搭配意大利
　面、炖饭。

❋ 若没有调理盒可以使用食物调理机（建议用小型家用款）。

❋ 调味料里的意式香料粉做法请参照P34，盐粉做法请参照P30，蒜香橄榄油做法请参照P38。

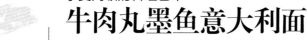

享受高级的料理艺术

牛肉丸墨鱼意大利面

分量 — 2人份 / 保存 — 冷藏2天 / 特色 — 午、晚餐主食

材 料　口蘑 —— 50g　蒜 —— 25g　洋葱 —— 50g　墨鱼意大利面 —— 150g
橄榄油 —— 1大匙　中筋面粉 —— 30g　鸡精 —— 1杯　牛肉丸 —— 200g
芝麻菜 —— 15g　食用花 —— 适量

调味料　黄油 —— 2大匙　鲜奶 —— 1/2杯　盐粉 —— 1大匙　糖粉 —— 1大匙
鲜奶油 —— 3大匙　蒜香橄榄油 —— 1大匙

1 口蘑洗净、切薄片。

2 蒜、洋葱切碎备用。

3 将600mL（分量外）水倒入锅中，加入1小匙盐粉（分量外）煮沸。

4 将墨鱼意大利面煮熟后捞起。

5 锅中倒入橄榄油，用小火烧热后倒入蒜末、洋葱末、口蘑片。

6 放入黄油化开后，加入中筋面粉搅拌均匀，再倒入鸡精。

7 再放入牛肉丸、煮好的墨鱼意大利面，以及鲜奶、盐粉、糖粉调味煮沸。熄火起锅，加入鲜奶油，再淋上蒜香橄榄油，摆上芝麻菜、食用花即可。

MEMO

✤牛肉丸放保鲜盒冷藏或冷冻保存常备，随时可取用，夏天也可以选择与意大利面凉拌后用油醋汁调味。

✤材料里的鸡精做法请参照P56，牛肉丸做法请参照P96，调味料里的盐粉和糖粉做法请参照P30，蒜香橄榄油做法请参照P38。

整合所有味道，特选食材引人垂涎

焗烤时蔬牛肉丸

| 分量 | 2人份 | / | 保存 | 冷藏2天 | / | 特色 | 南欧传统家庭料理 |

材料　黄、绿节瓜——各100g　蒜——25g　新鲜迷迭香——2g　牛肉丸——200g
　　　鸡精——1/2杯　油渍番茄——50g　乳酪丝——80g　芝麻菜——15g

调味料　蒜香橄榄油——2大匙　胡椒盐粉——适量　盐粉——1/4小匙　糖粉——1/4小匙

1 黄、绿节瓜洗净后切小丁；蒜和迷迭香切碎备用。

2 取一锅，倒入蒜香橄榄油、迷迭香、蒜末，以中火煎香。

3 加入黄、绿节瓜丁快速拌炒，再加入牛肉丸一起拌炒均匀。

4 放入胡椒盐粉、盐粉、糖粉调味。

5 倒入鸡精，盖上锅盖，以小火煨煮2分钟。

6 将步骤5的混合物倒入烤盅内。

7 铺上油渍番茄、乳酪丝，放进预热至180℃的烤箱，烤至表面上色。

8 摆上芝麻菜即可。

MEMO ....

❋ 可以先把配菜备好，再焗烤，或是将蔬菜先炒熟、烫熟冷却后再冷藏常备，要食用时撒上乳酪焗烤即可。

❋ 材料里的牛肉丸做法请参照P96，鸡精做法请参照P56，油渍番茄做法请参照P73，调味料里的蒜香橄榄油做法请参照P38，胡椒盐粉做法请参照P31，盐粉和糖粉做法请参照P30。

1 洋葱洗净、去皮、切成小块。

2 番茄去蒂、洗净、切小块。

3 蒜切成末备用。

4 将霜降牛肉切成约2cm见方的小块备用。

5 锅烧热后，放入霜降牛肉，以中小火干煎至两面金黄。

6 加入蒜末、洋葱块翻炒。

7 加入黄油、番茄糊、盐粉、糖粉拌炒。

8 加入红酒、番茄块及月桂叶、新鲜百里香一起拌炒。

9 倒入蔬菜高汤，盖上锅盖，以小火熬煮20分钟。

10 加入孢子甘蓝，继续熬煮5分钟即可。

MEMO ·······································
❖ 可以先将牛肉煮好后冷藏，加热时再放入孢子甘蓝炖煮，或是将牛肉用压力锅炖煮后分包冷冻保存，食用时再和蔬菜炖煮也可以。
❖ 材料里的蔬菜高汤做法请参照P63，调味料里的盐粉、糖粉做法请参照P30。

充满蔬菜和肉的汤汁精华，风味十足

番茄牛肉炖菜

分量 — 4人份 / 保存 — 冷藏5天 / 特色 — 主菜或配菜都得宜

材料 洋葱 —— 60g 番茄 —— 120g 蒜 —— 25g 霜降牛肉 —— 250g 月桂叶 —— 4片
新鲜百里香 —— 2g 蔬菜高汤 —— 2杯 孢子甘蓝 —— 150g

调味料 黄油 —— 2大匙 番茄糊 —— 3大匙
盐粉 —— 1/4小匙 糖粉 —— 1大匙
红酒 —— 1/2杯

吃得到多层次的食材真原味

皱叶甘蓝牛肉汤

分量 — 4人份 / 保存 — 冷藏4天 / 特色 — 营养均衡、省时常备菜

材料 皱叶甘蓝 —— 150g 蒜 —— 20g 洋葱 —— 50g 茴香头 —— 100g 西芹 —— 50g
彩色迷你胡萝卜 —— 150g 牛小排 —— 200g 葡萄子油 —— 2大匙 月桂叶 —— 4片
奥勒冈 —— 2g 蔬菜高汤 —— 5杯

调味料 胡椒盐粉 —— 1/4小匙 盐粉 —— 1/4小匙

1 皱叶甘蓝洗净沥干，撕成小片。

2 蒜切小片；洋葱去皮切小块备用。

3 茴香头、西芹洗净、切丁。

4 彩色迷你胡萝卜切小圆片备用。

5 将牛小排切成丁状备用。

6 锅中倒入葡萄子油，再放入牛小排，以中小火炒香。

7 加入蒜片、洋葱块拌炒。

8 加茴香头丁、西芹丁、彩色迷你胡萝卜丁及月桂叶、奥勒冈。

9 倒入蔬菜高汤，小火煮15分钟。

10 加入皱叶甘蓝，盖上锅盖，以中小火煮2分钟后，加胡椒盐粉、盐粉调味即可。

MEMO ....

✤ 可以煮好一整锅放冰箱冷藏常备，要食用时再加热即可。

✤ 材料里的蔬菜高汤做法请参照P63，调味料里的胡椒盐粉做法请参照P31，盐粉做法请参照P30。

提升食欲的销魂美味
墨西哥香料烤鸡腿

分量 ─ 2人份 ╱ 保存 ─ 冷藏2天 ╱ 特色 ─ 浓烈墨西哥风味

（材 料）带骨鸡腿 ── 4支 新鲜迷迭香 ── 1g 新鲜百里香 ── 1g 月桂叶 ── 3片

（调味料）墨西哥香料粉 ── 3大匙 蒜香橄榄油 ── 2大匙 盐粉 ── 1/4小匙
　　　　 蜜汁烤肉酱 ── 3大匙

1 带骨鸡腿洗净，用厨房用纸擦干多余水分放入调理盆，加入新鲜迷迭香、新鲜百里香、月桂叶、墨西哥香料粉2大匙、蒜香橄榄油、盐粉，充分拌匀，腌渍3小时备用。

2 将腌渍好的带骨鸡腿放入烤盘，用铝箔纸盖住。

3 放进已经预热至180℃的烤箱，烤20分钟。

4 取出后，掀开铝箔纸，继续将带骨鸡腿续烤至上色、表皮酥脆后取出烤箱。

5 均匀刷上蜜汁烤肉酱。

6 撒上剩下的1大匙墨西哥香料粉即可。

MEMO ·······
❋ 可以将生腌鸡腿放冷冻或是冷藏，但如果先烤熟再用来做常备菜时，建议加热时先蒸过后再烤，或是喷水在鸡腿上再移至烤箱回温，肉汁才不会烤干而使肉质发柴。
❋ 调味料里的墨西哥香料粉做法请参照P36，蒜香橄榄油做法请参照P38，盐粉做法请参照P30。

色香味俱全一吃就上瘾

香料奶酪鸡胸肉

| 分量 | 2人份 | / | 保存 | 冷藏6天 | / | 特色 | 奶酪和洋葱很对味 |

材料
鸡胸肉 —— 250g　蟹味菇 —— 100g
芦笋 —— 120g　玄米油 —— 1大匙
奶酪丝 —— 80g　蒜香橄榄油 —— 1大匙
什锦生菜 —— 50g

调味料　洋葱酱 —— 3大匙　意式香料粉 —— 1/4小匙

1 将鸡胸肉洗净，用厨房用纸擦干多余水分，再切成薄片长条状备用。

2 蟹味菇切除根部快速冲洗。

3 将蟹味菇剥下。

4 芦笋洗净后切除较硬部分，再切成约4cm长的段。

5 锅入倒入适量玄米油，中火烧热后，倒入蟹味菇翻炒。

6 炒至上色后，加入洋葱酱拌匀备用。

7 取鸡胸肉平放，撒上意式香料粉后，依序放上蟹味菇、奶酪丝。

8 由内向外卷起后用牙签固定。

9 起锅放入蒜香橄榄油，将鸡胸肉用中火煎熟后盛盘。

10 在原锅放入芦笋炒熟，用什锦生菜装饰即可。

MEMO
❋ 若是将生鸡肉作为常备食材时，炒好的菇类务必冷却后再打包，以免冷、热食物交叉污染，卷好的鸡胸肉可以放到保鲜盒中冷藏，需要时再煎熟即可。
❋ 材料里的洋葱酱做法请参照P49，蒜香橄榄油做法请参照P38，调味料里的意式香料粉做法请参照P34。

咬下去会释放出馥郁香甜的好味道

苹果鸡肉酸奶卷饼

分量 2人份 / 保存 冷藏2天 / 特色 水果芳香

材料 苹果——100g 芒果——50g 鸡胸肉——120g 中筋面粉——150g
水——190mL 什锦生菜——60g

调味料 酸奶——60g 盐粉——1/4小匙 胡椒盐粉——适量

1 苹果洗净、削皮、去子、切片。

2 芒果洗净、削皮、去子、切丁。

3 将苹果片、芒果片、酸奶打成泥备用。

4 锅中水烧沸后，转小火加入盐粉、鸡胸肉，以小火浸泡8分钟至熟透起锅。

5 待冷却后，将鸡胸肉撕成丝状。

6 中筋面粉加入水及少许盐粉（分量外）、胡椒盐粉，搅拌拌匀。

7 将面糊倒入不粘锅中，按顺时针方向摊匀，厚薄要平均。

8 小火煎至呈薄饼状（边缘翘起）即可。

9 煎好的饼皮铺上苹果片、鸡胸肉丝、什锦生菜，再淋上芒果奶酪卷起。

10 将卷饼切成5cm长的段，盛盘即可。

MEMO ....
✣ 做好的苹果鸡肉卷饼最好马上吃。可将材料分装常备，食用再包卷即可，饼皮不宜冷藏太多天否则会变硬，若变硬，食用前可以先蒸，或是喷水后用微波炉加热即可。
✣ 调味料里的盐粉做法请参照P30，胡椒盐粉做法请参照P31。

很下饭的香辣家常菜
麻婆鸡肉豆腐

分量 — 2人份 / 保存 — 冷藏4天 / 特色 — 配饭或面皆宜

材料 | 小葱 — 50g 蒜 — 30g 辣椒 — 60g 香菜 — 25g 嫩豆腐 — 120g
鸡胸肉 — 100g 葡萄子油 — 2大匙g 鸡高汤 — 1/2杯

调味料 | 辣豆瓣酱 — 3大匙 黑豆油膏 — 2大匙 味醂 — 2大匙 香油 — 1大匙

1 小葱去头后洗净、沥干水分切成葱花，蒜切碎。

2 辣椒去蒂后切成辣椒圈。

3 香菜去根和黄叶后洗净、沥干，切段备用。

4 嫩豆腐切成丁状；鸡胸肉剁成肉末状。

5 锅中倒入葡萄子油，以中火快速炒香鸡胸肉后盛出。

6 锅中加入蒜末、辣椒圈、辣豆瓣酱、黑豆油膏、味醂及鸡高汤，拌匀至浓稠状。

7 放入豆腐丁、鸡胸肉丝、葱花碎翻炒。

8 起锅前加入香菜段、香油调味即可。

MEMO

❋ 若是煮熟后作为常备菜，葱花及香菜可以先不加，等到加热时再添加即可，也可以生的时候分盒冷藏，烹煮时再做结合。

❋ 取出完整豆腐的方法请参照P183。

❋ 材料里的鸡高汤做法请参照P58。

广受欢迎的人气沙拉
鸡肉凯撒沙拉

分量 — 2人份 / 保存 — 冷藏4天 / 特色 — 罗马生菜搭配肉类可以中和肉类的油腻

材料 — 鸡胸肉 —— 150g 罗马生菜 —— 200g 蒜味面包（切丁）—— 50g

调味料 — 墨西哥香料粉 —— 1大匙 凯撒酱 —— 3大匙 帕玛森奶酪粉 —— 适量

1 将鸡胸肉洗净后用厨房用纸擦干多余水分，加入墨西哥香料粉，按揉4~5分钟，腌制1小时。

2 取平底锅，放入腌渍过的鸡胸肉，用小火煎至熟透起锅。

3 将煎鸡胸肉切成厚片。

4 罗马生菜洗净后用蔬菜脱水机脱干水分，盛盘。

5 再摆上鸡胸肉片、淋上凯撒酱，放上蒜味面包丁、撒上帕玛森奶酪粉即可。

MEMO

❋ 沙拉用的罗马生菜要完全脱干（沥干）水分，再放到保鲜盒中冷藏保鲜，事先备好的鸡胸肉，可熟食后放到保鲜盒中冷藏，要食用时再添加凯撒酱即可，鸡肉可以是热的也可以是冷的。鸡肉分量较多时，需冷冻保存，保质期可以延长至1个月。

❋ 可依自己喜好的口味，增加培根碎、水煮蛋碎、核桃碎等。

❋ 材料里的凯撒酱做法请参照P46，调味料里的墨西哥香料粉做法请参照P36。

暖乎乎的疗愈系浓汤
鸡蓉玉米汤

分量 — 2人份 / 保存 — 冷藏2天 / 特色 — 老少咸宜

材料 马铃薯 —— 150g　圆白菜 —— 60g　洋葱 —— 30g　鸡胸肉 —— 100g
葡萄子油 —— 2大匙　玉米粒 —— 150g　鸡精 —— 2杯　水 —— 2杯

调味料 胡椒盐粉 —— 1/4小匙　盐粉 —— 1/4小匙　糖粉 —— 1大匙
鲜奶 —— 1杯　鲜奶油 —— 1/2杯　黄油 —— 3大匙

1 将马铃薯洗净、削皮后切丁。

2 将圆白菜、洋葱分别切丁备用。

3 将鸡胸肉洗净后用厨房用纸擦干多余水分，先切长条再切成末备用。

4 取一锅，放入葡萄子油，再加入洋葱、圆白菜一起拌炒。

5 加入马铃薯丁、玉米粒及鸡精、水，以中小火熬煮10分钟。

6 加入胡椒盐粉、盐粉、糖粉以及鲜奶，继续熬煮5分钟。

7 将步骤6的混合物以"十"字刀头搅拌棒打至呈浓稠状。

8 放入鸡胸肉续煮约2分钟。

9 加入鲜奶油、黄油搅拌均匀即可。

MEMO
材料里的鸡精做法请参照P56，调味料里的胡椒盐粉做法请参照P31，盐粉和糖粉做法请参照P30。

海鲜
Seafood

海鲜的种类繁多，营养丰富、老少咸宜，或许当你站在鱼摊前，总是迟疑着，该如何选择家人爱吃、自己又会做的海鲜，这里就介绍几种市面上方便购得，做法多样的海鲜供参考。

鲑鱼 是来自欧美国家的鱼种，国内很常见，不管是超市、传统市场，甚至到高档的料理餐厅……富含ω-3脂肪酸及维生素D，是所有深海鱼类中，抗衰老功效最显著的鱼类，少刺多肉，有浓浓的鱼肉香，烹饪时稍加一些香料如茴香叶，即刻就会有享受星级料理的感觉。

秋刀鱼 形似长刀，秋天时最肥美。渔船出海捕抓时，渔船两侧均架上通亮的灯光，秋刀鱼循光而来，利于渔民捕捞，台湾地区的远洋渔获量较大。味美价廉的秋刀鱼堪称是台湾地区最受欢迎的平价海鲜。秋刀鱼无论烧烤、香煎都很下饭，更有多种风味的料理方式。

白虾 原产地属中南美洲太平洋海岸，主要分布在墨西哥南部至秘鲁北部间，壳薄、清甜、肉质细致，蛋白质、氨基酸、钾、锌等含量丰富，适合小朋友食用，更含镁，具有能强化心脏功能的功效。清蒸白虾清甜，红烧、辣炒也很美味。

蛤蜊 又称文蛤、花蛤。早期需到海边抓蛤蜊小苗到养殖池放养，随着繁殖技术的不断发展，养殖量也逐渐稳定。富含钙质的文蛤，是减肥佳品，肉带有咸味，单独料理如炒罗勒、蛤蛎汤或是做成丝瓜炒文蛤，都很鲜美，做法多样。

墨鱼 软体动物头足纲乌贼目，身体内有一个软圆形或舟形的石灰质内壳。墨鱼内壳是中医会使用的一味药剂，肉质紧实、鲜甜，汆烫、快炒或制成墨鱼丸都是不错的吃法。墨鱼汁还可拿来做面条或炖饭，全身都是宝！

小鱿鱼 头足纲锁管科，长至20～30cm时称中卷或是透抽，无论大小都有较合适的烹饪方式。

天作之合的高级佳肴
茴香鲑鱼

分量 — 2人份 / 保存 — 冷藏4天 / 特色 — 释放出茴香的特殊香气

材料 茴香 —— 50g 柳橙 —— 50g 柠檬 —— 50g 鲑鱼 —— 300g

调味料 茴香酒 —— 2大匙 盐粉 —— 1大匙

1 茴香洗净、沥干水分后去梗。

2 将茴香叶切碎。

3 柳橙、柠檬洗净后，用厨房用纸吸干水分，切薄片。

4 在鲑鱼肉上先淋上茴香酒，再均匀撒上盐粉。

5 撒上茴香。

6 轻轻按压。

7 交错铺上柳橙片、柠檬片，移置冷藏室腌渍2天即可。

MEMO ···
✤ 将腌渍好的鲑鱼作为常备菜时，尽可能放置于冰箱上层，温度较低，保鲜程度也较佳。
✤ 调味料里的盐粉做法请参照P30。

真材实料、简朴烹调

鲑鱼香松

分量 — 6人份 / 保存 — 冷藏6天 / 特色 — 配饭或夹面包皆宜

材料 鲑鱼 —— 350g

调味料 香松 —— 4大匙

1 将鲑鱼用厨房用纸吸干多余水分后对切成两半。

2 切下鱼皮。

3 去除鱼刺。

4 将鲑鱼放入不粘锅内，以中小火煎至两面金黄。

5 将鲑鱼肉压碎。

6 炒至水分收干至酥松为止。

7 加入香松调味拌匀即可。

MEMO ··
✦ 制作好鲑鱼香松可以搭炒饭，或是配稀饭、包寿司、夹面包和馒头等。

独家创意演绎新食感
鲑鱼洋葱卷

<blockquote>
分量 — 2人份 / 保存 — 冷藏4天 / 特色 — 开胃冷盘
</blockquote>

材 料 洋葱 —— 50g 茴香鲑鱼 —— 150g 彩色胡椒粒 —— 适量 山萝卜 —— 10g
食用花 —— 适量

调味料 意式油醋 —— 3大匙

1 洋葱去皮后切丝。

2 将洋葱丝放入冰开水中（分量外）冰镇，5分钟后滤干水分备用。

3 取下放在冷藏腌渍2天的茴香鲑鱼上的柳橙、柠檬薄片。

4 刮掉茴香。

5 研磨彩色胡椒粒，均匀地撒在茴香鲑鱼上。

6 逆纹将鲑鱼切成0.2cm的薄片。

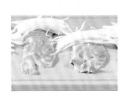

7 取适量的洋葱丝放于茴香鲑鱼薄片上。

8 卷起盛盘。

9 淋上意式油醋。

10 摆上山萝卜、食用花即可。

MEMO ·····························
✤ 卷好的鲑鱼洋葱卷，酱汁要等到食用时再淋上，以免洋葱变软后水分渗出。
✤ 材料里的茴香鲑鱼做法请参照P120，调味料里的意式油醋做法请参照P44。

征服老中青三代人的专属滋味

海带秋刀鱼

分量 — 2人份 / 保存 — 冷藏6天、冷冻6个月 / 特色 — 佃煮风味

材料 海带 — 30g 小葱 — 30g 牛蒡 — 80g 秋刀鱼 — 600g 水 — 1.5杯
辣椒 — 10g

调味料 黑豆油 — 1/2杯 味醂 — 1/2杯 清酒 — 1/2杯

1 海带擦去表面灰尘。

2 小葱去头、尾后洗净切长段。

3 牛蒡刨去外皮，切长条备用。

4 秋刀鱼去头后切成2段。

5 将内脏取出后洗净备用。

6 将牛蒡塞进秋刀鱼肚子中。

7 取压力锅，倒入黑豆油、味醂、清酒、水，以及海带、青葱、辣椒和步骤6的混合物。

8 盖上压力锅盖，煮沸后计时30分钟，待压力阀落下后即可。

MEMO ....

✱ 如果家中没压力锅必须以中小火熬煮90分钟，因为在煮的过程中水分会蒸发，所以需在汤锅中加入约4杯水，而且要在锅中水减少后及时添加。

免捏、方便携带的满意饭团

海带秋刀鱼三角饭团

分量 — 2人份 / 保存 — 冷藏2天 / 特色 — 早午餐或点心皆宜

材 料 香松 —— 20g 寿司饭 —— 2杯 海带秋刀鱼 —— 80g

调味料 蛋黄酱 —— 1大匙

1 取寿司模，倒入香松、寿司饭。

2 用拌匙（或汤匙）压平。

3 涂抹一层蛋黄酱在饭上面。

4 将海带秋刀鱼切成1cm见方的丁，均匀地摆放在模具的每个格中。

5 再放一层饭。

6 用拌匙（汤匙）压紧。

7 再撒一些香松。

8 左手抬高模具、右手按压饭团使其脱膜，盛盘即可。

MEMO

❖ 寿司饭：3杯米洗净后加入3杯水，放入电锅煮熟；起锅前趁热加入1杯寿司醋拌匀，待冷却即完成寿司饭；市售寿司饭偏酸，可以斟酌的加些味醂。

❖ 材料里的海带秋刀鱼做法请参照P126，调味料里的蛋黄酱做法请参照P45。

把食材和味道发挥到极致的绝妙口感
韩式秋刀鱼卷

分量 2人份 / 保存 冷藏2天 / 特色 日韩特色合而为一

材料 蔷薇 —— 10g 中筋面粉 —— 100g 水 —— 80mL 黑芝麻 —— 20g
韩式泡菜 —— 100g 海带秋刀鱼 —— 200g 食用花 —— 适量

调味料 胡椒盐粉 —— 1/4小匙 盐粉 —— 适量

1 蔷薇快速清洗后用厨房用纸吸干多余水分，摘下花瓣备用。

2 中筋面粉中加入适量胡椒盐粉、盐粉、蔷薇花瓣、水、黑芝麻拌匀。

3 取不粘锅倒入面糊，由中间到周围将面糊摊匀，厚薄要平均。

4 煎至呈薄饼状（边缘翘起）即可从锅中取出。

5 将煎好的饼皮平放，铺上韩式泡菜、海带秋刀鱼。

6 由内向外卷起。

7 切段后摆盘，再以食用花装饰即可上桌。

MEMO

✳ 饼皮要煎干一些，食用前略加热让其变软，会比较好包入馅料。

✳ 材料里的海带秋刀鱼做法请参照P126，韩式泡菜做法请参照P68，调味料里的胡椒盐粉、盐粉做法请参照P30。

简单入味，保持最地道的海鲜味

蒜味酱油蛤蜊

分量 — 2人份 / 保存 — 冷藏4天、冷冻1个月 / 特色 — 清淡咸鲜的功夫小菜

材料 蛤蜊 —— 300g 甘草 —— 3片 蒜 —— 50g 柠檬 —— 30g

调味料 黑豆油 —— 1/2杯 味醂 —— 1/2杯 米酒 —— 1/2杯 水 —— 1.5杯

1 蛤蜊洗净后，放入水中静置吐沙，再放入冰箱冷藏一晚备用。

2 取一口汤锅，放入甘草、蒜、黑豆油、味醂、米酒、水。

3 慢慢搅拌均匀，煮沸后熄火，隔水冷却、放凉。

4 再加入蛤蜊、柠檬（洗净用厨房用纸吸干多余水分，切薄片），密封，冷藏浸泡1~2天入味即可。

MEMO ·······························

❋ 挑选蛤蜊时要选新鲜的，也可用黄金蚬来腌渍。

❋ 喜欢吃辣的话，可添加辣椒。

一入口，虾的鲜甜便伴着酒香在喉间散开

绍兴酒醉虾

分量 — 4人份 / 保存 — 冷藏7天、冷冻6个月 / 特色 — 绍兴酒香

材料 枸杞子 —— 30g 红枣 —— 25g 当归 —— 1片 人参须 —— 20g 白虾 —— 600g
五味酱 —— 3大匙

调味料 高汤 —— 4杯（鸡高汤或蔬菜高汤皆可） 绍兴酒 —— 2杯 盐粉 —— 1大匙

1 先取1杯高汤，加入枸杞子、红枣、当归、人参须。

2 在锅中煮30分钟。

3 再加入其余的3杯高汤、绍兴酒、盐粉调味备用。

4 白虾剪须、前脚、尾刺、去除肠泥，洗净后不沥干水分，直接放入锅里，锅中不再加水，盖上盖。

5 用中火加热，锅中冒热气后，转小火加热2分钟。

6 熄火后，将白虾冰镇，捞出后放入绍兴高汤中，放冰箱冷藏2天即可，享用时可蘸五味酱。

MEMO ·······································
✳ 自制好的醉虾，可冷冻使虾保存更长时间，记得常备时酱汁要没过虾。
✳ 材料里的五味酱做法请参照P48，调味料里的高汤做法请参照P58，盐粉做法请参照P30。

135

令人眷恋的盛夏经典料理
香茅时蔬墨鱼

分量 — 2人份 / 保存 — 冷藏2天 / 特色 — 亚洲风味

(材 料) 柠檬叶 —— 10g 香茅 —— 10g 洋葱 —— 40g 辣椒 —— 5g 蒜 —— 10g
圣女果 —— 50g 墨鱼 —— 300g 香菜 —— 10g
(调味料) 泰式酸甜酱 —— 5大匙 鱼露 —— 2大匙

1 柠檬叶、香茅、洋葱洗净、切丝。

2 辣椒切斜成片状备用。

3 蒜切碎，圣女果洗净、去蒂后对切成两半；香菜去根和黄叶洗净沥干，切段备用。

4 墨鱼去头部、内脏、骨板，撕去表皮，洗净擦干，切半后（拔掉鳍）铺平，斜切细刀纹。

5 切成三大块，翻转后再斜切细刀纹，切成3cm长的条，即完成切花。头部和墨鱼须也切小块。

6 放入煮沸的滚水中氽烫至熟，捞起冰镇备用。

7 在处理好的食材中加入泰式酸甜酱及鱼露。

8 充分拌匀，撒入香菜即可。

MEMO ···

✤ 此道菜可以拌好后冷藏作为常备菜，可以搭配开胃前菜一同食用，也可搭配什锦生菜或是罗马生菜一同食用。

✤ 墨鱼、鱿鱼等海鲜前置处理方法请参照P17。

咸香劲辣醍醐味

辣味小鱿鱼干

分量 — 4人份 / 保存 — 冷藏15天 / 特色 — 饭或面料理、便当配菜皆宜

材料 小鱿鱼干 —— 100g 辣椒 —— 400g 蒜 —— 50g 玄米油 —— 2杯

调味料 豆豉 —— 1大匙 黑豆油 —— 2大匙 糖粉 —— 1大匙

1 小鱿鱼干先放入冷水中浸泡10分钟，再滤干水分备用。

2 分别将辣椒、蒜放入手动料理机内，搅碎备用。

3 取一锅，放入玄米油3大匙，用中小火煎香小鱿鱼干之后捞起。

4 原锅续加入剩余的玄米油和蒜末，以小火炒香至金黄，再放入辣椒碎搅拌炒至呈糊状。

5 最后再放入煎香的小鱿鱼、豆豉、黑豆油、糖粉，一起拌匀即可。

MEMO
✤ 炒好的辣椒酱可以装罐保存，请参照P56的鸡精杀菌方式，灭完菌的辣椒酱即可常温不开罐保存1年，开罐后再移至冷藏保存，配饭、面食或是搭配季节炒食蔬、炒海鲜都可以做添加。
✤ 用油煎小鱿鱼干可将水分炒干。
✤ 调味料里的糖粉做法请参照P30。

蔬菜
Vegetables

　　蔬菜的种类繁多，有叶菜类：如小白菜、圆白菜、空心菜、青葱；根茎类：萝卜、马铃薯、地瓜、笈白、笋、姜；瓜果类：番茄、黄瓜、丝瓜、南瓜；花菜类：圆白菜、西蓝花等。

　　除了食用传统蔬菜外，人们的餐桌上也开始出现了欧洲蔬果。欧洲蔬果在十多年前被引进国内种植、销售时，很多人都不认识，或是只有在西式餐厅、饭店才会见过、吃过，更不易购得，也不知如何烹煮。近年来，大多数人渐渐喜欢上了这些外来品种，觉得既营养也美味，渴望能学到更多的烹饪方式，所以，我们且来介绍几样易学易懂、方便美味的蔬菜料理吧！

羽衣甘蓝 英文名Kale，十字花科，不结球甘蓝，既可食用也可观赏，原产地为地中海，英国、荷兰、德国、美国等地种植较多，是欧洲国家常见的家常菜。其含有丰富的维生素A、维生素K、叶酸、钙、铁及膳食纤维，铁含量与牛肉相仿，膳食纤维含量丰富，更有保护视力、抗氧化的功效，为蔬菜中的珍宝，可酥烤、煮、做成沙拉，打成蔬果汁饮用还能纤体养颜。

性喜寒冷，成株可生长至成人腰部以上，为农场热销的产品之一。

节瓜 英文名Zucchini，是欧洲常用的瓜类，有黄、绿两种颜色，形状为条状或圆形或星形，肉质、口感不因颜色形状的不同而有所差异。营养价值方面，节瓜含有碳水化合物、蛋白质、维生素A、维生素B_1、维生素B_2、维生素C以及胡萝卜素、磷、钙质、铁质等，热量低、性温，有通便利尿的功效，瓜长为20～30cm，不用削皮、去子，无论煎、煮、炒、烤、炸、炖皆宜；和肉类、海鲜或和其他蔬菜搭配都很适合。

节瓜花 有公花与母花之分，两者都是餐厅主厨爱用的食材，书中介绍的是带一小瓜条的母花，小瓜长大后会变成大节瓜。节瓜花是趁着节瓜花苞，尚未凋谢时，将有花带瓜的节瓜条采下，属餐桌上少见的菜样。

紫甘蓝 十字花科包心圆白菜，因质地较硬，与一般圆白菜相比，并不脆软可口，最初被作为蔬菜沙拉的配菜，花菁素含量高，耐炖煮，煮熟后紫色的色素会渗出，将其他配料食材染成同色，师傅们利用此特点，变化出多样的菜色料理。除了高含量的花青素外，还含有各种维生素和矿物质，尤其维生素C含量也很高。

马铃薯 属茄科多年生草本植物，块茎是主要的食用部位，是欧洲国家人民经常食用的主食。

马铃薯含有大量的碳水化合物，能提供给人体大量的热量，营养成分也很丰富，含有蛋白质、矿物质（磷、钙）、维生素，皮更含有抗氧化的元素和膳食纤维，水煮后捣成泥做沙拉、煮成浓汤、煮咖喱、做成烤薯条均可。

青木瓜 在木瓜尚未黄熟前，还是绿色幼嫩时即采下使用，味淡、质地脆，可作为沙拉生食，加些泰国酸辣酱、鱼露，即是泰式凉拌青木瓜；也可做成清炖排骨汤，更有一番滋味。

营养价值上，木瓜富含木瓜酵素、木瓜蛋白酶维生素群和矿物质、氨基酸等元素，深受女性朋友的喜爱。

菌菇 菌菇并不是蔬菜，它是真菌、双孢菌，可食用的部位叫作子实体，食用菇类如香菇、木耳、袖珍菇、杏鲍菇、蟹味菇、白玉菇、金针菇；药用菇类如灵芝、虫草、樟芝、巴西蘑菇等。

菌菇类原生地是在阴湿的地层、树干上，人们仿造菇类的生长环境种植，将菌菇接种在装有木屑的塑胶袋（太空包）上，让其在室内生长。

营养价值方面，菌菇类含有蛋白质、多醣体粗纤维、钾、水溶性纤维，有助于降低血液中的胆固醇。含水量很高，干锅炒即会析出水分，所以切记，勿用清水洗太久，水多了，会使菌菇失去风味；在烹饪方式上也很多样，可直接烧烤或是煎、炒、煮汤入火锅，全都好吃。

一口接一口的能量点心
酥香羽衣甘蓝

| 分量 | 4人份 | / | 保存 | 常温7天 | / | 特色 | 酥香脆口
感兼具 |

材 料 羽衣甘蓝 —— 200g

调味料 蒜香橄榄油 —— 1大匙
巴萨米克醋 —— 2大匙
意式香料粉 —— 1/4小匙

1 将蒜香橄榄油倒入油醋瓶中。

2 将巴萨米克醋倒入油醋瓶中备用。

3 羽衣甘蓝去梗、取叶片,洗净后再用厨房用纸吸干多余水分,平铺在烘烤盘上,喷上适量蒜香橄榄油。

4 均匀地撒上意式香料粉,放进预热至75℃的烤箱烤7小时即可。

MEMO ·········

✤ 烘干后的羽衣甘蓝可直接吃或搭配沙拉,也可以切碎后加入面团中。也可放入盛有意大利面的盘中当装饰。可当配角又可当主角。
✤ 如果没有一次食完,要放入密封罐内防潮。
✤ 调味料里的蒜香橄榄油做法请参照P38,意式香料粉做法请参照P34。

特殊香气与略带苦甘的层
次令人惊艳
坚果羽衣甘蓝

分量 — 2人份 / 保存 — 冷藏4天 / 特色 — 羽衣甘蓝的原味

材 料 羽衣甘蓝 —— 300g
香料茴香 —— 50g
什锦坚果 —— 50g

调味料 香草橄榄油 —— 3大匙
山胡椒调味粉 —— 1/4小匙

1 将羽衣甘蓝去梗后取叶片部分、洗净后用厨房用纸吸干多余水分，撕成小片状备用。

2 香料茴香切成片状后放入步骤1的容器中。

3 倒入香草橄榄油、山胡椒调味粉一起拌匀调味后盛盘。

4 撒上什锦坚果即可享用。

MEMO
✦ 常备时可将羽衣甘蓝先清洗干净后，再以蔬菜脱水机去掉多余的水分，放入保鲜盒，食用时再搭配酱汁食用。
✦ 材料里的香料茴香做法请参照P70，调味料里的香草橄榄油做法请参照P39，山胡椒调味粉做法请参照P33。

(材 料) 羽衣甘蓝 —— 100g 红薯 —— 50g 紫薯 —— 50g 芒果 —— 50g
蔓越莓 —— 30g

(调味料) 蛋黄酱 —— 50g 原味酸奶 —— 30g

1 将羽衣甘蓝去梗后取叶片部分，洗净后用厨房用纸吸干多余水分，撕成小片状备用。

2 将紫薯洗净、削皮后，切成小块。

3 将红薯洗净、削皮后，切成小块。

4 取压力锅，放入蒸盘、倒入一杯水后放入红薯块、紫薯块。盖上压力锅盖，排气阀冒汽后熄火冷却备用。

5 芒果洗净、去皮、切块。

6 取一量杯，放入芒果块、蛋黄酱、原味酸奶，以搅拌棒打成泥状。

7 将已冷却的红薯块、紫薯块装盘，摆上羽衣甘蓝。

8 再淋上芒果酸奶、撒上蔓越莓即可。

MEMO ···························

✤ 调制好的酸奶可以分开冷藏，当要食用时再一起混合，蒸熟的红薯或是紫薯可以待凉后，一起放在保鲜盒中保存。

✤ 没有压力锅可以用普通蒸锅替代。也可以用食物调理机替代搅拌棒。

✤ 调味料里的蛋黄酱做法请参照P45。

好吃无负担的健康轻食
甜薯羽衣甘蓝沙拉

分量 — 2人份 / 保存 — 冷藏3天 / 特色 — 可当早午餐

充满地中海风味的美馔
蟹黄节瓜花海鲜球

分量 — 4人份 / 保存 — 冷藏2天 / 特色 — 掺杂海鲜和节瓜花清香

材料 墨鱼——300g 胡萝卜——50g 香菇——50g 蒜——20g
节瓜花——400g（8朵） 虾仁——300g 玄米油——2大匙 鸡精——1/2杯

调味料 胡椒盐粉——1/4小匙 盐粉——1大匙 糖粉——1/4小匙 香油——1大匙

1 墨鱼摘除头部、内脏、骨板，取墨鱼身，撕去表皮后洗净、擦干，先切成条状再切丁。

2 胡萝卜洗净、削皮后磨成泥。

3 香菇切片，备用。

4 将墨鱼丁、蒜、胡椒盐粉及1/2大匙盐粉，放入调理杯中，搅拌棒装上S形刀头，快速打成泥状。

5 放入虾仁再次打成泥，用左手虎口挤成丸状。

6 将节瓜花花瓣掰开，塞入打好的海鲜球。

7 取一平底锅，加入玄米油，先放入胡萝卜泥拌炒至熟透。

8 再加入香菇片、鸡精、节瓜花、剩下的盐粉、糖粉；再盖上锅盖，用中火焖煮沸、冒烟，转小火计时4分钟。

9 淋上香油，盛盘享用。

MEMO ....

❋ 填好馅料的节瓜可以先常备后烹调，依次可以多做一天分量。所以可以先磨多一点胡萝卜泥再加入油封起来，可放3天常备，随时都可以添加。

❋ 没有搅拌棒可以将食材用菜刀剁成泥，或是食物调理机替代。

❋ 材料里的鸡精做法请参照P56，调味料里的胡椒盐粉做法请参照P31，盐粉和糖粉做法请参照P30。

渗入舌尖的浓郁酥香滋味
酥炸节瓜花镶奶酪球

分量 — 2人份 / 保存 — 冷藏4天 / 特色 — 酥脆与瓜的清香

材 料 节瓜花 —— 300g（6朵） 马苏里拉奶酪球 —— 60g 酥炸粉 —— 200g
水 —— 120mL 面包粉 —— 100g 葡萄子油 —— 800mL 食用花 —— 适量

调味料 蔷薇盐粉 —— 1/4小匙 千岛酱 —— 3大匙

1 掰开节瓜花的花
瓣，塞入马苏里
拉奶酪球备用。

2 酥炸粉加入水，
搅拌均匀成粉浆
备用。

3 将步骤1的节瓜花
沾上粉浆。

4 裹一层面包粉。

5 放 入 加 热 至
180℃的葡萄子
油锅中，以炸至
表面呈金黄色，
捞起放厨房用纸
上吸多余的油。

6 撒上蔷薇盐粉调
味，摆放在盘上。
再以千岛酱以及
食用花做装饰即
完成。

MEMO ···
❖ 沾上面糊、面包粉的节瓜花，
可以放入保鲜盒后放入冰箱冷
藏作为常备菜，食用时再用油
炸即可。
❖ 调味料里的蔷薇盐粉做法请
参照P35，千岛酱做法请参照
P47。

清甜爽脆的多重口感
炭烤节瓜佐巴萨米克醋

分量 — 2人份 / 保存 — 冷藏2天 / 特色 — 冷热食皆宜

（材 料）黄绿节瓜 —— 250g 什锦生菜 —— 80g 食用花 —— 适量

（调味料）巴萨米克醋 —— 6大匙 糖粉 —— 1大匙 墨西哥香料粉 —— 1大匙
蒜香橄榄油 —— 1大匙

 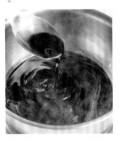  

1 黄、绿节瓜洗净用厨房用纸擦干，斜切成0.5cm厚的圆片备用。

2 在巴萨米克醋加入糖粉，倒入锅中，再以小火熬煮直至形成浓缩状的醋膏，隔水降温备用。

3 将烤盘用小火预热，再摆上黄、绿节瓜片，烤至表面出现烙痕。

4 再均匀地撒上墨西哥香料粉后，起锅盛盘。将黄、绿节瓜片、什锦生菜和醋膏拌匀后摆在节瓜片上，再用洞洞饼装饰，淋上蒜香橄榄油即可。

MEMO ·······································

✤ 洞洞饼做法：将60mL水、2小匙低筋面粉、90mL油搅拌混合之后舀入锅中（可用易拉转），再以不粘锅煎至无水分即可。

✤ 炭烤好的节瓜可以热食，或是冷食，亦可搭配汆烫好的海鲜变成美味的温沙拉。

✤ 调味料里的糖粉做法请参照P30，墨西哥香料粉做法请参照P36，蒜香橄榄油做法请参照P38。

甜中带辣的美妙在口中散开
节瓜夹饼

分量 — 2人份 / 保存 — 冷藏2天 / 特色 — 墨西哥异国风

材料 — 黄节瓜 —— 300g 干香菇 —— 30g 鸡蛋 —— 1个 肉馅 —— 100g
低筋面粉 —— 50g 面包粉 —— 100g 葡萄子油 —— 800mL

调味料 — 墨西哥香料粉 —— 1大匙 墨西哥辣椒酱 —— 4大匙

1 黄节瓜洗净后擦干，切成0.5cm厚的圆片备用。

2 干香菇泡软后攥干水，切碎；鸡蛋打成蛋液备用。

3 将肉馅、墨西哥香料粉放入容器中充分拌匀。

4 倒入香菇丁略拌后，舀适量放在黄节瓜上，再将另一片黄节瓜盖上压紧（像夹心饼干）。

5 将节瓜夹饼裹上低筋面粉。

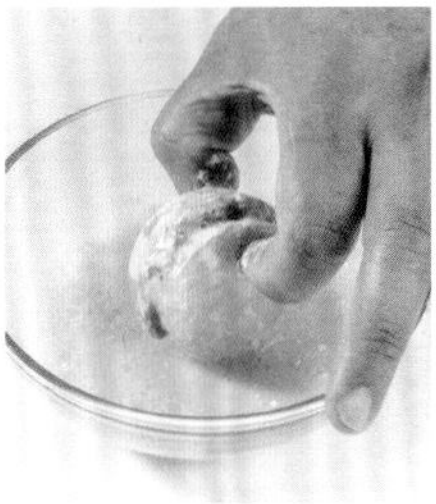

6 蘸一层蛋液。

7 再蘸上薄薄一层面包糠。

8 放入烧至180℃的油锅中，炸至呈金黄色，捞起后放在厨房用纸上吸干多余的油分。切半后盛盘，搭配墨西哥辣椒酱即可。

MEMO

- 节瓜加入肉馅后再蘸上面糊、面包粉后常备于保鲜盒中，等要食用时再油炸即可，制作肉馅时所使用的调味料可以依照食用习惯调整。
- 调味料里的墨西哥香料粉做法请参照P36。

增加鲜美的海味，堪称绝配
樱花虾节瓜煎饼

分量 — 2人份 / 保存 — 冷藏2天 / 特色 — 越嚼越有海潮的味道

材 料) 黄节瓜 —— 250g 胡萝卜 —— 30g 香菜 —— 50g 蒜 —— 10g 玄米油 —— 6大匙
樱花虾 —— 30g 低筋面粉 —— 100g 鸡蛋 —— 1个

调味料) 盐粉 —— 1/4小匙 香菇调味粉 —— 1/4小匙 香油 —— 1大匙

1 黄节瓜洗净、切
丝；胡萝卜洗净、
削皮切丝；香菜去
柄和黄叶后洗净、
沥干水分后切段
（约2cm）；蒜切碎
备用。

2 取一锅，放入3大
匙玄米油，以小
火炒香樱花虾至
酥脆后捞起备用。

3 将步骤1的混合物
倒入容器中，依
次加入盐粉、香
菇调味粉、香油
拌匀。

4 加入低筋面粉、
鸡蛋、樱花虾一
起拌匀，备用。

5 取平底锅，倒入
剩下的3大匙玄米
油，中火加热后
倒入步骤4的混合
物，摊平。

6 取一平盘放在平
底锅上，翻面。
移开平底锅，饼
皮才不会破掉。

7 重复刚才的步骤
直至将两面都煎
至金黄即可。

MEMO ·····································
✤ 可以将材料放一起常备保存，蛋和面粉等
食材煎时再添加即可，樱花虾烹煮时不用
清洗，以免樱花虾油被洗掉且不香，没节
瓜也可以用丝瓜或是黄瓜来取代。
✤ 调味料里的盐粉做法请参照P30，香菇调
味粉做法请参照P32。

吃起来很清爽但回味无穷
节瓜煎饺

分量 2人份 / 保存 冷藏4天 / 特色 外酥内爽脆

材 料 黄、绿节瓜 —— 共200g 姜 —— 10g 肉馅 —— 50g 低筋面粉 —— 20g
橄榄油 —— 6大匙（或喜欢的油） 水 —— 120mL 水饺皮 —— 150g

调味料 香菇调味粉 —— 1/4小匙 盐粉 —— 1/4小匙 香油 —— 1大匙

1 黄、绿节瓜洗净擦干，切小丁，备用。

2 姜磨成泥。

3 加入节瓜丁、肉馅、香菇调味粉、盐粉、香油拌匀。

4 取易拉转加入低筋面粉、橄榄油、水一起搅拌成粉浆，备用。

5 将水饺皮放在掌心，放入馅料。

6 在皮的边缘抹一点水。

7 对折，折成半圆形。

8 把两端互相捏紧，使半圆形稍微上翘。

9 将不粘锅用小火烧热后，码入包好的馄饨。

10 淋如适量粉浆。

11 盖上锅盖后，转中火，冒热气6分钟后掀开锅盖，将水分蒸发（让粉浆不冒泡成漂亮酥脆的冰花）。

12 倒出多余的油后，倒扣盛盘即可享用。

MEMO

❋ 包好的饺子可以冷冻1个月，或冷藏，水煮或是做出煎饺均可，搅拌完的馅料如果有多余水分，可以添加山药泥增加馅料的黏性。包好的饺子还可搭配面条烹煮或做成酸辣汤饺。

❋ 调味料里的香菇调味粉做法请参照P32，盐粉做法请参照P30。

手作无添加的安心面条

紫甘蓝手擀面

分量 — 4人份 / 保存 — 冷冻1个月、冷藏6天 / 特色 — 天然色素很健康

材料 紫甘蓝 —— 100g 水 —— 70mL 中筋面粉 —— 200g

调味料 盐粉 —— 1/4小匙 糖粉 —— 适量

1 紫甘蓝洗净、沥干,切成小块。

2 放入搅拌棒或是食物调理机里,加水打成汁。

3 过滤后取90mL备用。

4 在中筋面粉中加入盐粉、糖粉和紫甘蓝汁一起拌匀成团。

5 将面团揉至表面光滑,静置20分钟。

6 将面团擀成厚0.1cm的面皮。

7 在案板上撒些手粉(分量外的中筋面粉),用刀先修掉面皮的四边不规则处,擀后折三折。

8 用刀切成宽度约0.3cm的面条。

9 将面条分包冷藏或是冷冻保存,一份约120g。

MEMO ....

✱ 紫甘蓝含有天然紫色花青素,也可以运用姜黄粉、胡萝卜汁、菠菜汁来给面条增色,做好的面条可以煮或是与海鲜、肉丝等做成炒面。

✱ 没有搅拌棒或是食物调理机,也可以用果汁机将紫甘蓝打成汁。

✱ 调味料里的盐粉、糖粉做法请参照P30。

滑嫩面条吸附海鲜与蔬菜汤汁精华

海鲜紫甘蓝面

分量 2人份 / 保存 冷藏2天 / 特色 饱腹又满足

材　料 洋葱 —— 20g　木耳 —— 20g　香菇 —— 30g　香菜 —— 20g　白虾 —— 120g（5尾）
鱿鱼中卷 —— 50g　紫甘蓝手擀面 —— 200g　葡萄子油 —— 2大匙

调味料 胡椒盐粉 —— 1/4小匙　炒酱 —— 2大匙　味醂 —— 1大匙　米酒 —— 2大匙
香油 —— 1大匙

1 将木耳洗净、切丝。

2 将香菇洗净、切丝。

3 将洋葱洗净、切丝。将香菜去柄和枯叶后洗净沥干水分，切段备用。

4 剪去白虾须、前脚、尾刺、去除肠泥；将鱿鱼中卷摘除头部、内脏、撕去外皮，洗净用厨房用纸擦干水，再切圈备用。

5 汤锅倒入适量水，烧开后，放入紫甘蓝手擀面（边下入边抖开），煮4分钟后捞起备用。

6 另取一锅，锅中加入葡萄子油，用中火煎香白虾、鱿鱼中卷。

7 放入洋葱丝、香菇丝、木耳丝一起炒。

8 加入余烫好的紫甘蓝手擀面及胡椒盐粉、炒酱、味醂、米酒、香油拌炒，加入香菜即完成。

MEMO ·········

✤ 将面条煮熟后冰镇再加入适量油脂，将海鲜、蔬菜洗净用厨房用纸吸干水分、切好后装入保鲜盒冷藏，煮后的面条也可以与烫熟海鲜一起做成凉拌面。

✤ 白虾、鱿鱼等海鲜处理方法请参照P17。

✤ 材料里的紫甘蓝手擀面做法请参照P161，调味料理的胡椒盐粉做法请参照P31。

提升美味的华丽料理

紫甘蓝海鲜温沙拉

分量 — 2人份 ╱ 保存 — 冷藏2天 ╱ 特色 — 提升风味的层次感

材料 紫甘蓝 —— 50g 什锦生菜 —— 50g 草虾 —— 120g（2只）干贝 —— 120g
油渍番茄 —— 30g 食用花 —— 适量

调味料 蒜香橄榄油 —— 1大匙 意式香料粉 —— 1/4小匙

1 紫甘蓝切（或刨）细丝。

2 放入冰水中浸泡5分钟。

3 什锦生菜洗净、撕成小块，和紫甘蓝细丝一起用蔬菜脱水机脱干水分，备用。

4 取一锅，煎香草虾、干贝至熟透（大约3分钟）。

5 再用意式香料粉调味。

6 将紫甘蓝、干贝、草虾、什锦生菜、油渍番茄，加入蒜香橄榄油、意式香料粉拌匀。盛盘，最后以食用花装饰即可。

MEMO ....
✤ 温沙拉是将煎好的海鲜搭配生菜食用，若是海鲜煎得过多时，这时煎好的海鲜也可以常备好再搭配生菜食用。
✤ 草虾要先剪须、前脚、尾刺、去除肠泥（做法请参照P17），将干贝用厨房用纸擦干水分。
✤ 材料里的油渍番茄做法请参照P73，调味料里的蒜香橄榄油做法请参照P38，意式香料粉做法请参照P34。

鲜艳的色彩，让味道更丰富

紫甘蓝苹果渍莲藕

分量 — 4人份 / 保存 — 冷藏6天 / 特色 — 天然花青素

材 料　紫甘蓝 —— 200g　苹果 —— 2个　莲藕 —— 80g　芳香万寿菊 —— 10g
　　　柠檬马鞭草 —— 5g

调味料　盐粉 —— 1/4小匙　苹果醋 —— 100mL　糖粉 —— 3大匙

1　紫甘蓝洗净、切细丝。

2　苹果削皮、去子、切丝备用。

3　莲藕洗净、削皮后先刨成薄片，再洗去多余的淀粉质。

4　紫甘蓝丝加入盐粉。

5　挤干水分备用。

6　加入苹果丝、藕片、芳香万寿菊、柠檬马鞭草。

7　倒入苹果醋、糖粉调味拌匀，腌渍入味。

MEMO ....
❋ 紫甘蓝遇到苹果醋后花青素会释放到醋中，会将莲藕染成紫色，所以切好的莲藕、苹果丝可以加点白醋以免氧化变黑，做好的成品可当小菜或是炸物配菜食用。
❋ 调味料里的盐粉、糖粉做法请参照P30。

（材料）马铃薯 —— 150g 洋葱 —— 50g 蒜 —— 20g 葡萄子油 —— 2大匙
　　　虾壳 —— 150g 蔬菜高汤 —— 600mL 山萝卜 —— 少许

（调味料）意式香料粉 —— 1/4小匙 黄油 —— 2大匙 盐粉 —— 1/4小匙 鲜奶油 —— 4大匙

1 马铃薯洗净、削皮、切片备用。

2 将洋葱、蒜切碎。

3 取一锅，锅中倒入葡萄子油后加入虾壳、意式香料粉拌炒至虾油渗出。

4 加入一半蒜末、洋葱碎拌炒，倒入蔬菜高汤，煮沸后转小火煮8分钟，过滤备用。

5 另取一锅，加入黄油炒香另一半的蒜末、洋葱碎，再加入马铃薯片拌炒。

6 倒入虾高汤、盐粉熬煮8分钟。

7 再以"十"字刀头搅拌棒打成泥。

8 煮沸（不然会油水分离）之后起锅加入鲜奶油，即可盛入容器里，摆上山萝卜装饰。

MEMO
✤ 此道菜冬天可当热浓汤，夏天可作为冷汤；打成泥的汤品分量过多时，可以先冷藏常备，若是喜爱热汤，再次加热即可，还可以加入个人喜爱的海鲜料或是玉米粒、圆白菜丁变化成巧达浓汤。
✤ 平时购买的虾，剥下虾仁后，可将虾壳冷冻保存。
✤ 材料里的蔬菜高汤做法请参照P63，调味料里的意式香料粉做法请参照P34，盐粉做法请参照P30。

口感浓郁、美味又细腻

虾红素马铃薯浓汤

分量 4人份 / 保存 冷藏2天 / 特色 可当冷汤

柔顺高雅的味道很纯粹
日式咖喱酱

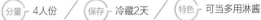

分量 — 4人份 / 保存 — 冷藏2天 / 特色 — 可当多用淋酱

材 料 马铃薯 —— 150g 苹果 —— 70g 胡萝卜 —— 50g 蒜 —— 20g 洋葱 —— 30g
葡萄子油 —— 2大匙 蔬菜高汤 —— 600mL

调味料 日式咖喱块 —— 50g 黄油 —— 20g 鲜奶油 —— 30g

1 分别将马铃薯、苹果、胡萝卜都洗净、削皮、切薄片。

2 将蒜、洋葱切碎备用。

3 取一锅，锅中倒入葡萄子油，炒香蒜末，倒入洋葱碎炒至软化。

4 再加入苹果片、胡萝卜片、马铃薯片一起拌炒。

5 倒入蔬菜高汤。

6 加入日式咖喱块、黄油煮沸之后，转小火熬煮10分钟。

7 加入鲜奶油，用"十"字刀头搅拌棒打成泥状即可。

MEMO
* 做好的咖喱酱汁可当淋酱或是拌饭、面条；搭配炸猪排或炸物、面包、馒头等一同食用。
* 材料里的蔬菜高汤做法请参照P63。

融合所有食材的鲜美
泰式青木瓜沙拉

分量 — 2人份 / 保存 — 冷藏6天 / 特色 — 泰式酸辣风味

（材料）青木瓜 —— 180g 圣女果 —— 30g 豇豆 —— 20g 香菜 —— 10g 蒜 —— 10g
辣椒 —— 10g 蒜味花生 —— 20g

（调味料）鱼露 —— 4大匙 糖粉 —— 3大匙 柠檬汁 —— 3大匙

   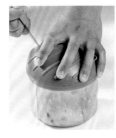

1 青木瓜削皮、去子后刨成细丝。

2 圣女果洗净用纸巾擦去多余水分，去蒂后切成两半备用。

3 豇豆、香菜去头和黄叶，洗净沥干或用厨房用纸吸干多余水分，再切段备用。

4 取易拉转加入蒜、辣椒、鱼露、糖粉、柠檬汁绞碎后搅拌均匀。

5 再加入青木瓜、番茄、香菜、青豆拌匀。

6 盛盘，撒上蒜味花生即可享用。

MEMO
✤ 青木瓜可以调味后装入保鲜盒冷藏保存，或和炸好的鱼排、鱼柳搭配一起食用，呈现酥中略带清脆的木瓜丝口感，作为常备菜时蒜味花生可以先不加，等到食用时再添加。
✤ 调味料里的糖粉做法请参照P30。

酸甜中带清脆的奇妙组合

洛神青木瓜

分量 — 4人份 / 保存 — 冷藏6天 / 特色 — 可当凉菜、开胃菜或配菜

材 料 青木瓜 —— 300g

调味料 盐粉 —— 1/4小匙 洛神蜜饯 —— 1/2杯

1 青木瓜洗净、削皮、去子后，刨成片状备用。

2 加入盐粉腌制，10分钟后挤干水分。

3 加入洛神蜜饯一起搅拌均匀。

4 腌渍2天即可食用。

MEMO ·······

❈ 将青木瓜用盐腌渍、去除水分可以去除多余的涩味，也能增加青木瓜的脆度，腌好的青木瓜片可以当腌渍品或搭主菜、素食均可。

❈ 洛神蜜饯也可以换成百香果果酱或梅子等其他口味。

❈ 调味料里的盐粉做法请参照P30。

令人食指大动的好滋味
蒜香杏鲍菇丝

分量 ─ 2人份 ╱ 保存 ─ 冷藏2天 ╱ 特色 ─ 开胃或下酒小菜

材　料 杏鲍菇 ── 200g　芹菜 ── 30g　香菜 ── 20g　辣椒 ── 10g　胡萝卜 ── 20g
蒜 ── 25g　鱼翅 ── 60g

调味料 香料黑豆油 ── 2大匙　味醂 ── 2大匙　胡椒盐粉 ── 1/4小匙　香油 ── 1大匙
乌醋 ── 1大匙

1 杏鲍菇撕成细丝状。

2 芹菜去柄、叶，香菜去柄和黄叶，洗净沥干切段（约2cm）备用。

3 辣椒对切成两半。

4 刮去辣椒子。

5 将辣椒切成细丝。

6 将胡萝卜洗净、削皮、切丝，蒜切碎备用。

7 将杏鲍菇丝放入锅中，再加入胡萝卜丝、鱼翅、芹菜段、辣椒丝、蒜末后盖上锅盖。

8 中小火烧热后熄火，掀开锅盖加入香料黑豆油、味醂、胡椒盐粉、香油、乌醋和香菜拌匀即可。

MEMO ·······························

✦ 杏鲍菇用手撕可以增加口感，菇类的水分较多，直接盖上锅盖菇类便能释放出水分，烹煮好的蒜味杏鲍菇丝可装入保鲜盒冷藏保存，适合当小菜。

✦ 鱼翅有干和湿两种，此食谱用的是湿鱼翅。

✦ 调味料里的香料黑豆油做法请参照P41，胡椒盐粉做法请参照P31。

温醇酱汁味道很契合
蜜汁杏鲍菇

分量 — 2人份 / 保存 — 冷藏6天 / 特色 — 冷热食皆宜

材料 杏鲍菇 —— 250g 葡萄子油 —— 1小匙 烤熟白芝麻 —— 20g

调味料 糖粉 —— 1大匙 味酬 —— 1大匙 蜂蜜 —— 1大匙 香料黑豆油 —— 2大匙

1 将杏鲍菇切成菱形块。

2 锅内倒入葡萄子油，再以油刷刷匀。

3 再摆上杏鲍菇，盖上锅盖，以中小火加热至冒热气后熄火，掀开锅盖。

4 倒入糖粉、味酬、蜂蜜及香料黑豆油一起拌匀收汁，再加入烤熟白芝麻即可。

MEMO ....
❖ 杏鲍菇与1片海带、4杯蔬菜高汤、1杯味酬、1杯酱油一同熬煮6分钟熄火后浸泡至隔天，即为素鲍鱼；蜜汁杏鲍菇可以煮好后密封冷藏保存，或是再切块状搭配红烧鱼、肉料理也可以。
❖ 调味料里的糖粉做法请参照P30，香料黑豆油做法请参照P41。

真材实料的日日常备酱
综合菇香菇和风酱

分量 ─ 2人份 / 保存 ─ 冷藏6天 / 特色 ─ 日式和风味

(材 料) 海带 ── 50g 金针菇 ── 200g 香菇 ── 100g 胡萝卜 ── 50g 蔬菜高汤 ── 2杯

(调味料) 香料黑豆油 ── 1/2杯 味醂 ── 1/2杯

1 海带用厨房用纸擦去表面灰尘；再以食物剪刀剪成细丝。

2 将金针菇根部剪掉后，撕开后切成段快速冲洗，用厨房用纸吸干水分。

3 香菇去蒂后快速冲洗，用厨房用纸吸干水分切薄片（菇柄用手撕成条状）；胡萝卜洗净、削皮、切丝备用。

4 锅中加入海带丝、金针菇丝、香菇丝、胡萝卜丝、蔬菜高汤、香料黑豆油、味醂，用中火加热。

5 盖上锅盖，冒热气后转小火，计时5分钟煮软、煮熟后，熄火待凉即可。

MEMO

可以冷藏常备起来，直接淋上水煮蔬菜如秋葵、绿色蔬菜均可，是一道日式风味的料理，加热过程中要避免大火烹煮使汤汁蒸发过快而太咸。

材料里的蔬菜高汤做法请参照P63，调味料里的香料黑豆油做法请参照P41。

吃起来健康又朴实
细皮嫩豆腐

分量 — 2人份 / 保存 — 冷藏2天 / 特色 — 冷热食皆宜

材料 鸡蛋豆腐 —— 1盒 玉米粉 —— 2大匙 玄米油 —— 800mL

调味料 综合菇香菇和风酱 —— 8大匙

1 将鸡蛋豆腐盒表面塑料膜撕开，倒扣在砧板上，用刀在底部盒角划一道小口，就能轻松将鸡蛋豆腐倒出来。

2 将鸡蛋豆腐切成大块。

3 轻拍上玉米淀粉待返潮。

4 取一锅，倒入玄米油，将油烧至180℃，将鸡蛋豆腐炸至金黄。

5 捞起沥干油，或铺放在厨房用纸上吸收多余油分。

6 盛盘，再淋上综合菇香菇和风酱即可。

MEMO ....
✤ 煮好的综合菇香菇和风酱可以冷藏作为常备酱，只要在炸好的豆腐淋上加热后的综合菇香菇和风酱即可变为热食。
✤ 材料里的综合菇香菇和风酱做法请参照P180。

漂亮食材吃出好心情

茭白甜椒蟹味菇

分量 — 4人份　　保存 — 冷藏2天　　特色 — 实用酱料

材　料　蟹味菇 —— 100g　红甜椒 —— 30g
　　　　　黄甜椒 —— 30g　茭白 —— 250g

调味料　意式油醋 —— 6大匙

1 蟹味菇快速冲洗，
用厨房用纸吸干
水分，剪成小丁。

2 将黄椒洗净去蒂、
子，切小丁备用。

3 将红椒洗净，去
蒂、子，切小丁
备用。

4 将茭白放入锅中
汆烫5分钟，用冷
水冰镇备用。

5 蟹味菇放入锅中
干炒至熟透。

6 再加入黄椒丁、红椒丁，以及意式油醋
拌匀。

7 摆上用茭白壳当
绳子绑紧后立起
的茭白，增添摆
盘的视觉美感。

8 淋上步骤6的混合
物即可。

MEMO ··

❖ 水煮茭白可冷藏保存，可以当冷食淋上意
式油醋，或是加热当热食。

❖ 购买已去壳的茭白，要挑选鲜嫩白皙的，
建议买带壳茭白，除了较耐储存外，甜度
和水分流失也较少。

❖ 调味料里的意式油醋做法请参照P44。

干货
Dry goods

故名思义，就是不含水分的蔬果（如番茄、竹笋、黄花菜）、菇类（如香菇、木耳）、海鲜（如紫菜、海带、鱿鱼、虾米）。营养价值方面，新鲜食材的营养价值会更加丰富，但是像香菇这样的食材经日晒后，会产生比鲜品高出17倍的维生素D。有些干货因为品质很优良，常常会被作为馈赠朋友的礼品，且出现在高档的料理菜色里。

将新鲜的食材，用日晒或机器干燥，这样不但保存容易、运输方便，不会失去原本的样貌，更锁住食材本身的鲜甜，形成恰似熟成的风味，在烹调时，运用这些干货，料理会呈现不一样的风味。

结合泰式口味，香辣酸甜
超顺口
泰式凉拌粉丝

分量 — 2人份 / 保存 — 冷藏6天 / 特色 — 泰式酸辣风味

材料 泡发粉丝 —— 100g
蒜 —— 25g 辣椒 —— 30g
柠檬叶 —— 10g 水 —— 1/2杯
香菜 —— 25g

调味料 土鸡鸡油葱酥 —— 2大匙
东炎酱 —— 1大匙
糖粉 —— 1大匙

1 将粉丝加入400mL的水（分量外）中浸泡30分钟后捞起备用。

2 在手动搅拌器中加入蒜、辣椒、柠檬叶，拉碎备用。

3 取一锅，加入2大匙土鸡鸡油葱酥。

4 炒香粉丝，盖上锅盖约煮2分钟。

5 加入东炎酱、糖粉、水，以及步骤2的混合物一起拌匀入味。

6 盛盘，放上香菜即可。

MEMO

* 粉丝也可以换成米粉，再添加个人喜爱的肉馅或是海鲜；盐味不足可以滴入适量的鱼露，除了增加鲜味外也可带点咸味。
* 冬炎酱具有酸酸辣辣的特殊风味。
* 调味料里的土鸡鸡油葱酥做法请参照P62，糖粉做法请参照P30。

传统食材新颖的口味
芥末木耳

分量 — 2人份 / 保存 — 冷藏6天 / 特色 — 呛辣带劲芥末香

材 料 木耳 —— 300g 蒜 —— 25g 姜 —— 25g 辣椒 —— 30g 枫香天竺葵 —— 适量

调味料 芥末酱 —— 2大匙 黑豆油膏 —— 3大匙 味醂 —— 2大匙

1 煮一锅水，烧开后放入黑木耳略汆烫，捞起冰镇后滤干备用。

2 取易拉转加入蒜、姜、辣椒拉碎备用。

3 将木耳、步骤2的混合物和芥末酱、黑豆油膏、味醂一起搅拌均匀。

4 拌匀、入味后盛盘，摆上枫香天竺葵即可。

MEMO ·
❖ 市售木耳有干燥和新鲜的两种；若是干燥的木耳需先用冷水泡发，泡发的木耳建议先汆烫灭菌后再烹饪，制作完的木耳可以放入保鲜盒冷藏保存，便当菜也可使用。
❖ 枫香天竺葵是增添风味的香草，可选用。

料理手法单纯却充满巧思

苹果凉拌紫菜

分量 — 2人份 / 保存 — 冷藏4天 / 特色 — 带有酸辣风味

材 料 苹果 —— 2个 嫩姜 —— 30g 辣椒 —— 10g 紫菜 —— 150g 芝麻菜 —— 适量
食用花 —— 适量

调味料 苹果醋 —— 1杯

1 将苹果洗净、削皮、去子。

2 将嫩姜洗净后切丝，辣椒对切成两半后去子、切丝备用。

3 将紫菜用300mL（分量外）的开水浸泡3分钟后，捞起挤干水分备用。

4 将苹果丝、嫩姜丝、辣椒丝、紫菜放入盆中，加入苹果醋，充分拌匀。

5 盛盘，摆上芝麻菜、食用花即可享用。

MEMO ....
❖ 紫菜富含铁质，除了可做成紫菜蛋花汤外，还可做成凉拌菜，常备好的紫菜可先不加芝麻菜，等要食用时再做添加即可。
❖ 芝麻菜带有芝麻香气及辛辣味，可让凉拌菜的味道更有层次感。

图书在版编目（CIP）数据

星级料理轻松做 / 李耀堂，林晏廷著. —北京：
中国轻工业出版社，2021.1
ISBN 978-7-5184-2813-7

Ⅰ. ① 星… Ⅱ. ① 李… ② 林… Ⅲ. ① 菜谱
Ⅳ. ①TS972.12

中国版本图书馆CIP数据核字（2019）第277459号

版权声明：

本著作中文简体版经北京时代墨客文化传媒有限公司代理，由日日
幸福事业有限公司授权中国轻工业出版社有限公司在中国大陆独家出版、
发行。

责任编辑：卢　晶　　责任终审：李建华　　整体设计：锋尚设计
策划编辑：卢　晶　　责任校对：朱燕春　　责任监印：张京华

出版发行：中国轻工业出版社（北京东长安街6号，邮编：100740）
印　　刷：北京博海升彩色印刷有限公司
经　　销：各地新华书店
版　　次：2021年1月第1版第1次印刷
开　　本：720×1000　1/16　印张：12
字　　数：250千字
书　　号：ISBN 978-7-5184-2813-7　定价：49.80元
邮购电话：010-65241695
发行电话：010-85119835　传真：85113293
网　　址：http://www.chlip.com.cn
Email：club@chlip.com.cn
如发现图书残缺请与我社邮购联系调换
191195S1X101ZYW